曹永

U0091845

Arduino程式教學
(常用模組篇)

Arduino Programming (37 Modules)

自序

記得自己在大學資訊工程系修習電子電路實驗的時候,自己對於設計與製作電路板是一點興趣也沒有,然後又沒有天分,所以那是苦不堪言的一堂課,還好當年有我同組的好同學,努力的照顧我,命令我做這做那,我不會的他就自己做,如此讓我解決了資訊工程學系課程中,我最不擅長的課。

當時資訊工程學系對於設計電子電路課程,大多數都是專攻軟體的學生去修習時,系上的用意應該是要大家軟硬兼修,尤其是在台灣這個大部分是硬體為主的產業環境,但是對於一個軟體設計,但是缺乏硬體專業訓練,或是對於眾多機械機構與機電整合原理不太有概念的人,在理解現代的許多機電整合設計時,學習上都會有很多的困擾與障礙,因為專精於軟體設計的人,不一定能很容易就懂機電控制設計與機電整合。懂得機電控制的人,也不一定知道軟體該如何運作,不同的機電控制或是軟體開發常常都會有不同的解決方法。

除非您很有各方面的天賦,或是在學校巧遇名師教導,否則通常不太容易能在機電控制與機電整合這方面自我學習,進而成為專業人員。

而自從有了 Arduino 這個平台後,上述的困擾就大部分迎刃而解了,因為 Arduino 這個平台讓你可以以不變應萬變,用一致性的平台,來做很多機電控制、機電整合學習,進而將軟體開發整合到機構設計之中,在這個機械、電子、電機、資訊、工程等整合領域,不失為一個很大的福音,尤其在創意掛帥的年代,能夠自己創新想法,從 Original Idea 到產品開發與整合能夠自己獨立完整設計出來,自己就能夠更容易完全了解與掌握核心技術與產業技術,整個開發過程必定可以提供思維上與實務上更多的收穫。

Arduino 平台引進台灣自今,雖然越來越多的書籍出版,但是從設計、開發、製作出一個完整產品並解析產品設計思維,這樣產品開發的書籍仍然鮮見,尤其是能夠從頭到尾,利用範例與理論解釋並重,完完整整的解說如何用 Arduino 設計出一個完整產品，介紹開發過程中，機電控制與軟體整合相關技術與範例，如此的書籍更是付之闕如。永忠、英德兄與敝人計畫撰寫 Maker 系列，就是基於這樣對市場需要的觀察，開發出這樣的書籍。

作者出版了許多的 Arduino 系列的書籍，深深覺的，基礎乃是最根本的實力，所以回到最基礎的地方，希望透過最基本的程式設計教學，來提供眾多的 Makers 在入門 Arduino 時，如何開始，如何攥寫自己的程式，主要的目的是希望學子可以學到程式設計的基礎觀念與基礎能力。作者們的巧思，希望讀者可以了解與學習到作者寫書的初衷。

許智誠 　於中壢雙連坡中央大學 管理學院

自序

隨著資通技術(ICT)的進步與普及，取得資料不僅方便快速，傳播資訊的管道也多樣化與便利。然而，在網路搜尋到的資料卻越來越巨量，如何將在眾多的資料之中篩選出正確的資訊，進而萃取出您要的知識？如何獲得同時具廣度與深度的知識？如何一次就獲得最正確的知識？相信這些都是大家共同思考的問題。

為了解決這些困惱大家的問題，永忠、智誠兄與敝人計畫製作一系列「Maker系列」書籍來傳遞兼具廣度與深度的軟體開發知識，希望讀者能利用這些書籍迅速掌握正確知識。首先規劃「以一個 Maker 的觀點，找尋所有可用資源並整合相關技術，透過創意與逆向工程的技法進行設計與開發」的系列書籍，運用現有的產品或零件，透過駭入產品的逆向工程的手法，拆解後並重製其控制核心，並使用 Arduino 相關技術進行產品設計與開發等過程，讓電子、機械、電機、控制、軟體、工程進行跨領域的整合。

近年來 Arduino 異軍突起，在許多大學，甚至高中職、國中，甚至許多出社會的工程達人，都以 Arduino 為單晶片控制裝置，整合許多感測器、馬達、動力機構、手機、平板...等，開發出許多具創意的互動產品與數位藝術。由於 Arduino 的簡單、易用、價格合理、資源眾多，許多大專院校及社團都推出相關課程與研習機會來學習與推廣。

以往介紹 ICT 技術的書籍大部份以理論開始、為了深化開發與專業技術，往往忘記這些產品產品開發背後所需要的背景、動機、需求、環境因素等，讓讀者在學習之間，不容易了解當初開發這些產品的原始創意與想法，基於這樣的原因，一般人學起來特別感到吃力與迷惘。

本書為了讀者能夠深入了解產品開發的背景，本系列整合 Maker 自造者的觀念與創意發想，深入產品技術核心，進而開發產品，只要讀者跟著本書一步一步研習與實作，在完成之際，回頭思考，就很容易了解開發產品的整體思維。透過這樣的思路，讀者就可以輕易地轉移學習經驗至其他相關的產品實作上。

所以本書是能夠自修的書，讀完後不僅能依據書本的實作說明準備材料來製作，盡情享受 DIY(Do It Yourself)的樂趣，還能了解其原理並推展至其他應用。有興趣的讀者可再利用書後的參考文獻繼續研讀相關資料。

本書的發行有新的創舉，就是以電子書型式發行，在國家圖書館、國立公共資訊圖書館與許多電子書網路商城、Google Books 與 Google Play 都可以下載與閱讀。希望讀者能珍惜機會閱讀及學習，繼續將知識與資訊傳播出去，讓有興趣的眾人都受益。希望這個拋磚引玉的舉動能讓更多人響應與跟進，一起共襄盛舉。

本書可能還有不盡完美之處，非常歡迎您的指教與建議。近期還將推出其他 Arduino 相關應用與實作的書籍，敬請期待。

最後，請您立刻行動翻書閱讀。

蔡英德 於台中沙鹿靜宜大學主顧樓

目 錄

圖目錄

表目錄

Maker 系列

在克里斯・安德森（Chris Anderson）所著『自造者時代：啟動人人製造的第三次工業革命』提到，過去幾年，世界來到了一個重要里程碑：實體製造的過程愈來愈像軟體設計，開放原始碼創造了軟體大量散佈與廣泛使用，如今，實體物品上也逐漸發生同樣的效應。網路社群中的程式設計師從 Linux 作業系統出發，架設了今日世界上絕大部分的網站(Apache WebServer)，到使用端廣受歡迎的 FireFox 瀏覽器等，都是開放原始碼軟體的最佳案例。

現在自造者社群(Maker Space)也正藉由開放原始碼硬體，製造出電子產品、科學儀器、建築物，甚至是 3C 產品。其中如 Arduino 開發板，銷售量已遠超過當初設計者的預估。連網路巨擘 Google Inc.也加入這場開放原始碼運動，推出開放原始碼電子零件，讓大家發明出來的硬體成品，也能與 Android 軟體連結、開發與應用。

目前全球各地目前有成千上萬個「自造空間」（makerspace）─光是上海就有上百個正在籌備中，多自造空間都是由在地社群所創辦。如聖馬特奧市（SanMateo）的自造者博覽會（Maker Faire），每年吸引數 10 萬名自造者前來朝聖，彼此觀摩學習。但不光是美國，全球各地還有許多自造者博覽會，台灣一年一度也於當地舉辦 Maker Fair Taiwan，數十萬的自造者(Maker)參予了每年一度的盛會。

世界知名的歐萊禮（O'Reilly）公司，也於 2005 年發行的《Make》雜誌，專門出版自造者相關資訊，Autodesk, Inc.主導的 Instructables- DIY How To Make Instructions(http://www.instructables.com/)，也集合了全球自造者分享的心得與經驗，舉凡食物、玩具、到 3C 產品的自製經驗，也分享於網站上，成為全球自造者最大、也最豐富的網站。

本系列『Maker 系列』由此概念而生。面對越來越多的知識學子，也希望成為自造者(Make)，追求創意與最新的技術潮流，筆著因應世界潮流與趨勢，思考著『如何透過逆向工程的技術與手法，將現有產品開發技術轉換為我的知識』的思維，如果我們可以駭入產品結構與設計思維，那麼了解產品的機構運作原理與方法就不是一件難事了。更進一步我們可以將原有產品改造、升級、創新，並可以將學習到的技術運用其他技術或新技術領域，透過這樣學習思維與方法，可以更快速的掌握研發與製造的核心技術，相信這樣的學習方式，會比起在已建構好的開發模組或學習套件中學習某個新技術或原理，來的更踏實的多。

本系列的書籍，因應自造者運動的世界潮流，希望讀者當一位自造者，將現有產品的產品透過逆向工程的手法，進而了解核心控制系統之軟硬體，再透過簡單易學的 Arduino 單晶片與 C 語言，重新開發出原有產品，進而改進、加強、創新其原有產品的架構。如此一來，因為學子們進行『重新開發產品』過程之中，可以很有把握的了解自己正在進行什麼，對於學習過程之中，透過實務需求導引著開發過程，可以讓學子們讓實務產出與邏輯化思考產生關連，如此可以一掃過去陰霾，更踏實的進行學習。

作者出版了許多的 Arduino 系列的書籍，深深覺的，基礎乃是最根本的實力，所以回到最基礎的地方，希望透過最基本的程式設計教學，來提供眾多的 Makers 在入門 Arduino 時，如何開始，如何攥寫自己的程式，主要的目的是希望學子可以學到程式設計的基礎觀念與基礎能力。作者們的巧思，希望讀者可以了解與學習到作者寫書的初衷。

本書是『Arduino 程式教學』的第二本書，主要是給讀者熟悉 Arduino 的屠龍寶刀-周邊模組。Arduino 開發板最強大的不只是它的簡單易學的開發工具，最強大的是它封富的周邊模組與簡單易學的模組函式庫，幾乎 Maker 想到的東西，都有廠商或 Maker 開發它的周邊模組，透過這些周邊模組，Maker 可以輕易的將想要完成的東西用堆積木的方式快速建立，而且最強大的是這些周邊模組都有對應的函式庫，讓 Maker 不需要具有深厚的電子、電機與電路能力，就可以輕易駕御這些模組。

所以本書要介紹市面上最完整、最受歡迎的 37 件 Arduino 模組，讓讀者可以輕鬆學會這些常用模組的使用方法，進而提升各位 Maker 的實力。

CHAPTER

Arduino 簡介

Massimo Banzi 之前是義大利 Ivrea 一家高科技設計學校的老師，他的學生們經常抱怨找不到便宜好用的微處理機控制器。西元 2005 年， Massimo Banzi 跟 David Cuartielles 討論了這個問題，David Cuartielles 是一個西班牙籍晶片工程師，當時是這所學校的訪問學者。兩人討論之後，決定自己設計電路板，並引入了 Banzi 的學生 David Mellis 為電路板設計開發用的語言。兩天以後，David Mellis 就寫出了程式碼。又過了幾天，電路板就完工了。於是他們將這塊電路板命名為『Arduino』。

當初 Arduino 設計的觀點，就是希望針對『不懂電腦語言的族群』，也能用 Arduino 做出很酷的東西，例如：對感測器作出回應、閃爍燈光、控制馬達…等等。

隨後 Banzi，Cuartielles，和 Mellis 把設計圖放到了網際網路上。他們保持設計的開放源碼(Open Source)理念，因為版權法可以監管開放原始碼軟體，卻很難用在硬體上，他們決定採用創用 CC 許可(Creative_Commons, 2013)。

創用 CC(Creative_Commons, 2013)是為保護開放版權行為而出現的類似 GPL[1]的一種許可（license），來自於自由軟體[2]基金會 (Free Software Foundation) 的 GNU 通用公共授權條款 (GNU GPL)：在創用 CC 許可下，任何人都被允許生產電路板的複製品，且還能重新設計，甚至銷售原設計的複製品。你還不需要付版稅，甚至不用取得 Arduino 團隊的許可。

然而，如果你重新散佈了引用設計，你必須在其產品中註解說明原始 Arduino 團隊的貢獻。如果你調整或改動了電路板，你的最新設計必須使用相同或類似的創用 CC 許可，以保證新版本的 Arduino 電路板也會一樣的自由和開放。

---

[1] GNU 通用公眾授權條款（英語：GNU General Public License，簡稱 GNU GPL 或 GPL），是一個廣泛被使用的自由軟體授權條款，最初由理察·斯托曼為 GNU 計劃而撰寫。

[2] 「自由軟體」指尊重使用者及社群自由的軟體。簡單來說使用者可以自由運行、複製、發佈、學習、修改及改良軟體。他們有操控軟體用途的權利。

唯一被保留的只有 Arduino 這個名字：『Arduino』已被註冊成了商標『Arduino®』[3]。如果有人想用這個名字賣電路板，那他們可能必須付一點商標費用給 『Arduino®』(Arduino, 2013)的核心開發團隊成員。

『Arduino®』的核心開發團隊成員包括：Massimo Banzi，David Cuartielles，Tom Igoe，Gianluca Martino，David Mellis 和 Nicholas Zambetti。(Arduino, 2013)，若讀者有任何不懂 Arduino 的地方，都可以訪問 Arduino 官方網站：http://www.arduino.cc/

『Arduino®』，是一個開放原始碼的單晶片控制器，它使用了 Atmel AVR 單晶片 (Atmel_Corporation, 2013)，採用了基於開放原始碼的軟硬體平台，構建於開放原始碼 Simple I/O 介面版，並且具有使用類似 Java，C 語言的 Processing[4]/Wiring 開發環境(B. F. a. C. Reas, 2013; C. Reas & Fry, 2007, 2010)。Processing 由 MIT 媒體實驗室美學與計算小組(Aesthetics & Computation Group)的 Ben Fry(http://benfry.com/)和 Casey Reas 發明，Processing 已經有許多的 Open Source 的社群所提倡，對資訊科技的發展是一個非常大的貢獻。

讓您可以快速使用 Arduino 語言作出互動作品，Arduino 可以使用開發完成的電子元件：例如 Switch、感測器、其他控制器件、LED、步進馬達、其他輸出裝置⋯等。Arduino 開發 IDE 介面基於開放原始碼，可以讓您免費下載使用，開發出更多令人驚豔的互動作品(Banzi, 2009) 。

---

[3] 商標註冊人享有商標的專用權，也有權許可他人使用商標以獲取報酬。各國對商標權的保護期限長短不一，但期滿之後，只要另外繳付費用，即可對商標予以續展，次數不限。

[4] Processing 是一個 Open Source 的程式語言及開發環境，提供給那些想要對影像、動畫、聲音進行程式處理的工作者。此外，學生、藝術家、設計師、建築師、研究員以及有興趣的人，也可以用來學習，開發原型及製作

什麼是 Arduino

- Arduino 是基於開放原碼精神的一個開放硬體平臺，其語言和開發環境都很簡單。讓您可以使用它快速做出有趣的東西。

- 它是一個能夠用來感應和控制現實物理世界的一套工具，也提供一套設計程式的 IDE 開發環境，並可以免費下載

- Arduino 可以用來開發互動產品，比如它可以讀取大量的開關和感測器信號，並且可以控制各式各樣的電燈、電機和其他物理設備。也可以在運行時和你電腦中運行的程式（例如：Flash，Processing，MaxMSP）進行通訊。

Arduino 特色

- 開放原始碼的電路圖設計，程式開發介面

- http://www.arduino.cc/免費下載，也可依需求自己修改!!

- Arduino 可使用 ISCP 線上燒入器，自我將新的 IC 晶片燒入「bootloader」(http://arduino.cc/en/Hacking/Bootloader?from=Main.Bootloader)。

- 可依據官方電路圖(http://www.arduino.cc/)，簡化 Arduino 模組，完成獨立運作的微處理機控制模組

- 感測器可簡單連接各式各樣的電子元件 (紅外線,超音波,熱敏電阻,光敏電阻,伺服馬達,…等)

- 支援多樣的互動程式程式開發工具

- 使用低價格的微處理控制器(ATMEGA8-16)

- USB 介面，不需外接電源。另外有提供 9VDC 輸入

- 應用方面，利用 Arduino，突破以往只能使用滑鼠，鍵盤，CCD 等輸入的裝置的互動內容，可以更簡單地達成單人或多人遊戲互動

Arduino 硬體-Duemilanove

Arduino Duemilanove 使用 AVR Mega168 為微處理晶片,是一件功能完備的單晶片開發板,Duemilanove 特色為:(a).開放原始碼的電路圖設計,(b).程序開發免費下載,(c).提供原始碼可提供使用者修改,(d).使用低價格的微處理控制器 (ATmega168),(e).採用 USB 供電,不需外接電源,(f).可以使用外部 9VDC 輸入,(g).支持 ISP 直接線上燒錄,(h).可使用 bootloader 燒入 ATmega8 或 ATmega168 單晶片。

系統規格

- 主要溝通介面:USB
- 核心: ATMEGA328
- 自動判斷並選擇供電方式(USB/外部供電)
- 控制器核心:ATmega328
- 控制電壓:5V
- 建議輸入電(recommended):7-12 V
- 最大輸入電壓 (limits):6-20 V
- 數位 I/O Pins:14 (of which 6 provide PWM output)
- 類比輸入 Pins:6 組
- DC Current per I/O Pin:40 mA
- DC Current for 3.3V Pin:50 mA
- Flash Memory:32 KB (of which 2 KB used by bootloader)
- SRAM:2 KB
- EEPROM:1 KB
- Clock Speed:16 MHz

具有 bootloader[5]能夠燒入程式而不需經過其他外部電路。此版本設計了『自動回復保險絲[6]』,在 Arduino 開發板搭載太多的設備或電路短路時能有效保護 Arduino 開

---

[5] 啟動程式(boot loader)位於電腦或其他計算機應用上,是指引導操作系統啟動的程式。

[6]自恢復保險絲是一種過流電子保護元件,採用高分子有機聚合物在高壓、高溫,硫化反應的條件

發板的 USB 通訊埠，同時也保護了您的電腦，並且故障排除後能自動恢復正常。

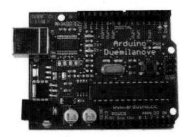 

圖 1 Arduino Duemilanove 開發板外觀圖

Arduino 硬體-UNO

UNO 的處理器核心是 ATmega328，使用 ATMega 8U2 來當作 USB-對序列通訊，並多了一組 ICSP 給 MEGA8U2 使用：未來使用者可以自行撰寫內部的程式~ 也因為捨棄 FTDI USB 晶片~ Arduino 開發板需要多一顆穩壓 IC 來提供 3.3V 的電源。

Arduino UNO 是 Arduino USB 介面系列的最新版本，作為 Arduino 平臺的參考標準範本： 同時具有 14 路數位輸入/輸出口（其中 6 路可作為 PWM 輸出），6 路模擬輸入， 一個 16MHz 晶體振盪器，一個 USB 口，一個電源插座，一個 ICSP header 和一個重定按鈕。

UNO 目前已經發佈到第三版，與前兩版相比有以下新的特點： (a).在 AREF 處增加了兩個管腳 SDA 和 SCL，(b).支援 I2C 介面，(c).增加 IOREF 和一個預留管腳，將來擴展板將能相容 5V 和 3.3V 核心板，(d).改進了 Reset 重置的電路設計，(e).USB 介面晶片由 ATmega16U2 替代了 ATmega8U2。

下，攙加導電粒子材料後，經過特殊的生產方法製造而成。Ps. PPTC(PolyerPositiveTemperature Coefficent)也叫自恢復保險絲。嚴格意義講：PPTC 不是自恢復保險絲，ResettableFuse 才是自恢復保險絲。

系統規格

- 控制器核心：ATmega328
- 控制電壓：5V
- 建議輸入電(recommended)：7-12 V
- 最大輸入電壓 (limits)：6-20 V
- 數位 I/O Pins：14 (of which 6 provide PWM output)
- 類比輸入 Pins：6 組
- DC Current per I/O Pin：40 mA
- DC Current for 3.3V Pin：50 mA
- Flash Memory：32 KB (of which 0.5 KB used by bootloader)
- SRAM：2 KB
- EEPROM：1 KB
- Clock Speed：16 MHz

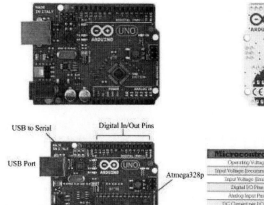

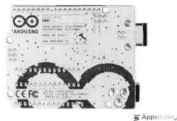

圖 2 Arduino UNO 開發板外觀圖

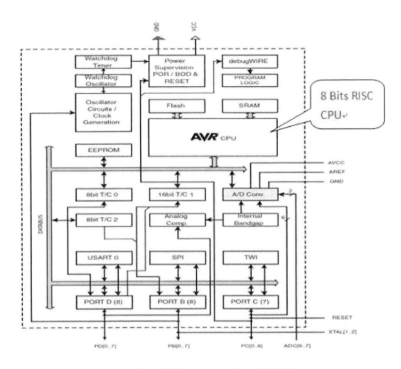

圖 3 Arduino UNO 核心晶片 Atmega328P 架構圖

Arduino 硬體-Mega 2560

可以說是 Arduino 巨大版： Arduino Mega2560 REV3 是 Arduino 官方最新推出的 MEGA 版本。功能與 MEGA1280 幾乎是一模一樣，主要的不同在於 Flash 容量從 128KB 提升到 256KB，比原來的 Atmega1280 大。

Arduino Mega2560 是一塊以 ATmega2560 為核心的微控制器開發板，本身具有 54 組數位 I/O input/output 端（其中 14 組可做 PWM 輸出），16 組模擬比輸入端，4 組 UART（hardware serial ports），使用 16 MHz crystal oscillator。由於具有 bootloader，因此能夠通過 USB 直接下載程式而不需經過其他外部燒入器。供電部份可選擇由 USB 直接提供電源，或者使用 AC-to-DC adapter 及電池作為外部供電。

由於開放原代碼，以及使用 Java 概念（跨平臺）的 C 語言開發環境，讓 Arduino 的周邊模組以及應用迅速的成長。而吸引 Artist 使用 Arduino 的主要原因是可以快速使用 Arduino 語言與 Flash 或 Processing…等軟體通訊，作出多媒體互動作品。Arduino 開發 IDE 介面基於開放原代碼原則，可以讓您免費下載使用於專題製作、學校教學、電機控制、互動作品等等。

電源設計

Arduino Mega2560 的供電系統有兩種選擇，USB 直接供電或外部供電。電源供應的選擇將會自動切換。外部供電可選擇 AC-to-DC adapter 或者電池，此控制板的極限電壓範圍為 6V~12V，但倘若提供的電壓小於 6V，I/O 口有可能無法提供到 5V 的電壓，因此會出現不穩定；倘若提供的電壓大於 12V，穩壓裝置則會有可能發生過熱保護，更有可能損壞 Arduino MEGA2560。因此建議的操作供電為 6.5~12V，推薦電源為 7.5V 或 9V。

系統規格

- 控制器核心：ATmega2560
- 控制電壓：5V
- 建議輸入電(recommended)：7-12 V
- 最大輸入電壓 (limits)：6-20 V
- 數位 I/O Pins：54 (of which 14 provide PWM output)
- UART:4 組
- 類比輸入 Pins：16 組
- DC Current per I/O Pin：40 mA
- DC Current for 3.3V Pin：50 mA
- Flash Memory：256 KB of which 8 KB used by bootloader
- SRAM：8 KB
- EEPROM：4 KB
- Clock Speed：16 MHz

圖 4 Arduino Mega2560 開發板外觀圖

Arduino 硬體- Arduino Pro Mini 控制器

可以說是 Arduino 小型版： Pro Mini 使用 ATMEGA328，與 Arduino Duemilanove 一樣為 5V 並使用 16MHz bootloader，因此在使用 Arduino IDE 時必須選擇 "ArduinoDuemilanove 。

Arduino Pro Mini 控制器為模組大廠 Sparkfun(https://www.sparkfun.com/)依據 Arduino 概念所推出的控制器。藍底 PCB 板以及 0.8mm 的厚度，完全使用 SMD 元件，讓人看一眼就想馬上知道它有何強大功能。

而 Arduino Pro Mini 與 Arduino Mini 的差異在於，Pro Mini 提供自動 RESET，使用連接器時只要接上 DTR 腳位與 GRN 腳位，即具備 Autoreset 功能。 而 Pro Mini 與 Duemilanove 的差異點在於 Pro Mini 本身不具備與電腦端相連的轉接器，例如 USB 介面或者 RS232 介面，本身只提供 TTL 準位的 TX、RX 訊號輸出。這樣的設計較不適合初學者，初學者的入門 建議還是使用 Arduino Duemilanove。

對於熟悉 Arduino 的使用者，可以利用 Pro Mini 為你節省不少成本與體積，你只需準備一組習慣使用的轉接器，如 UsbtoTTL 轉接器_5V，就可重複使用。

系統規格

- 不包含 USB 連接器以及 USB 轉 TTL 訊號晶片
- 支援 Auto-reset
- ATMEGA328 使用電壓 5V / 頻率 16MHz (external resonator _0.5% tolerance)
- 具 5V 穩壓裝置
- 最大電流 150mA
- 具過電流保護裝置
- 容忍電壓：5-12V
- 內嵌 電源 LED 與狀態 LED
- 尺寸：0.7x1.3" (18x33mm)
- 重量：1.8g
- Arduino 所有特色皆可使用：

圖 5 Arduino Pro Mini 控制器開發板外觀圖

Arduino 硬體- Arduino ATtiny85 控制器

可以說是 Arduino 超微版： Arduino ATtiny85 是 Atmel Corporation 宣布其低功耗的 ATtiny 10/20/40 微控制器 (MCU) 系列，針對按鍵、滑塊和滑輪等觸控感應應用予以優化。這些元件包括了 AVR MCU 及其專利的低功耗 picoPower 技術，是對成本敏感的工業和消費電子市場上多種應用，如汽車控制板、LCD 電視和顯示器、筆記本電腦、手機等的理想選擇。

ATtiny MCU 系列介紹

Atmel Corporation 設計的 ATtiny 新型單晶片有 AVR 微處理機大部份的功能，以包括 1KB 至 4KB 的 Flash Memory，帶有 32 KB 至 256 KB 的 SRAM。

此外，這些元件支持 SPI 和 TWI (具備 I2C-兼容性) 通信，提供最高靈活性和 1.8V 至 5.5V 的工作電壓。ATtinyAVR 使用 Atmel Corporation 獨有專利的 picoPower 技術，耗電極低。通過軟件控制系統時鐘頻率，取得系統性能與耗電之間的最佳平衡，同時也得到了廣泛應用。

系統規格

- 採用 ATMEL TINY85 晶片
- 支持 Arduino IDE 1.0+
- USB 供電, 或 7~35V 外部供電
- 共 6 個 I/O 可以用

圖 6 Arduino ATtiny85 控制器外觀圖

Arduino 硬體- Arduino LilyPad 控制器

可以說是 Arduino 微小版：Arduino LilyPad 為可穿戴的電子紡織科技由 Leah Buechley 開發及 Leah 及 SparkFun 設計。每一個 LilyPad 設計都有很大的連接點可以縫在衣服上。多種的輸出，輸入，電源，及感測板可以通用，而且還可以水洗。

Arduino LilyPads 主機板的設計包含 ATmega328P(bootloader) 及最低限度的外部元件來維持其簡單小巧特性，可以利用 2-5V 的電壓。 還有加上重置按鈕可以更容易的編寫程式，Arduino LilyPad 這是一款真正有藝術氣質的產品，很漂亮的造型，當初設計時主要目的就是讓從事服裝設計之類工作的設計師和造型設計師,它可以使用導電線或普通線縫在衣服或布料上, Arduino LilyPad 每個接腳上的小洞大到足夠縫紉針輕鬆穿過。如果用導電線縫紉的話,既可以起到固定的 作用,又可以起到傳導的作用。比起普通的 Arduino 版相比，Arduino LilyPad 相對比較脆弱,比較容易損壞,但它的功能基本都保留了下來, Arduino LilyPad 版子它沒有 USB 介面, 所以 Arduino LilyPad 連接電腦或燒寫程式時同 Arduino mini 一樣需要一個 USB 或 RS232 轉換成 TTL 的轉接腳。

系統規格

- 微控制器：ATmega328V
- 工作電壓：2.7-5.5V
- 輸入電壓：2.7-5.5V
- 數位 I／O 接腳：14（其中 6 提供 PWM 輸出）
- 類比輸入接腳：6
- 每個 I／O 引腳的直流電流：40mA
- 快閃記憶體：16 KB（其中 2 KB 使用引導程序）
- SRAM：1 KB
- EEPROM：512k
- 時鐘速度：8 MHz

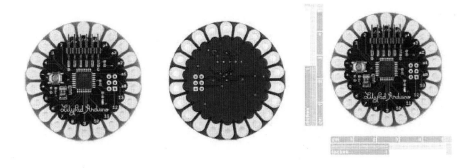

圖 7 Arduino LilyPad 控制器外觀圖

Arduino 硬體- Arduino Esplora 控制器

Arduino Esplora 可是為 Arduino 針對 PC 端介面所整合出來的產品。本身以 Leonardo 為主要架構，周邊加上各類型感測器如：聲音、光線、雙軸 PS2 搖桿、按鈕..等，相當適合與 PC 端結合的快速開發。

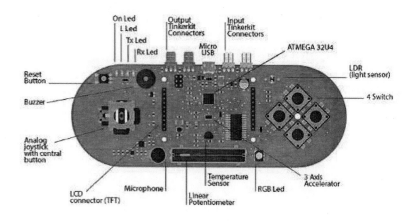

圖 8 Arduino Esplora 控制器

Arduino Esplora 可是為 Arduino 針對 PC 端介面所整合出來的產品，其控制器上包含下列組件：

- 雙軸類比搖桿+按壓開關
- 4 組按鈕開關，以搖桿按鈕的排序呈現
- 線性滑動電阻
- 麥克風聲音感測器
- 光線感測器
- 溫度感測器
- 三軸加速度計
- 蜂鳴器
- RGB LED 燈
- 2 組類比式感測器 輸入擴充腳位
- 2 組數位式輸出擴充腳位
- TFT 顯示螢幕插槽(不含 TFT 螢幕)，可搭配 TFT 螢幕模組使用
- SD 卡擴充插槽(不含 SD 卡相關電路，得透過 TFT 螢幕模組使用)

系統規格

- 核心晶片 - ATmega32U4
- 操作電壓 - 5V
- 輸入電壓 - USB 供電 +5V

- 數位腳位 I/O Pins - 僅存 2 組輸入、2 組輸出可外部擴充
- 類比腳位 - 僅存 2 組輸入可外部擴充
- Flash Memory - 32 KB
- SRAM - 2.5 KB
- EEPROM - 1 KB
- 振盪器頻率 - 16 MHz

圖 9 Arduino Esplora 套件組外觀圖

Arduino 硬體- Appsduino UNO 控制板

Appsduino UNO 控制板是台灣艾思迪諾股份有限公司[7]發展出來的產品，主要是為了簡化 Arduino UNO 與其它常用的周邊、感測器發展出來的產品，本身完全相容於 Arduino UNO 開發版。

系統規格

- 控制器核心：ATmega328
- 控制電壓：5V
- 建議輸入電(recommended)：7-12 V
- 最大輸入電壓 (limits)：6-20 V
- 數位 I/O Pins：14 (of which 6 provide PWM output)
- 類比輸入 Pins：6 組
- DC Current per I/O Pin：40 mA
- DC Current for 3.3V Pin：50 mA
- Flash Memory：32 KB (of which 0.5 KB used by bootloader)
- SRAM：2 KB
- EEPROM：1 KB
- Clock Speed：16 MHz

擴充規格

- Buzzer：連接至 D8(Jumper)，可以產生 melody 及警示告知，出廠時 Jumper 預設短路，若欲使用 D8，請將 Jumper 開路或拔除。
- 電池電量檢測：當 Jumper 短路時，會將 Vin 的 1/2 分壓連接至 A0，因此即可利用 Analog IO A0 監測電池的電壓，所量之電壓值為 1/2 Vin，即真正的電壓值為 A0 讀取的數值/1023 * 5V * 2，因此最高可量測 10V 的電壓 (1023/1023 * 5V * 2)

---

[7] 艾思迪諾股份有限公司,統一編號：54112896,地址：臺中市北屯區平德里北平路三段 66 號 6 樓之 6

圖 10 Appsduino UNO 控制板

Arduino 硬體- Appsduino Shield V2.0 擴充板

Appsduino Shield V2.0 擴充板是台灣艾思迪諾股份有限公司發展出來的產品，主要是為了簡化 Arduino UNO 與麵包板、藍芽裝置、LCD1602...等其它常用的周邊發展出來的產品，本身完全相容於 Arduino UNO 開發版。

Appsduino Shield V2.0 擴充板增加一些常用元件，利用杜邦線連至適當的 IO Pins，便可輕鬆學習許多的實驗，詳述如下：

- 藍牙接腳：將藍牙模組 6 Pin 排針插入接腳(元件面向內，如右圖)，即可與手機或平板通訊，進而連上 Internet，開創網路相關應用

- 綠、紅、藍 Led：綠色(Green) Led 已連接至 D13，可直接使用，紅、藍 Led 可透過 J17 的兩個排針，用杜邦線連至適當的 IO 腳位即可

- 數位溫度計(DS18B20)：將 J19 的 Vdd 接腳連至 5V，DQ 連至適當的 Digital IO 腳位，即可量測環境的溫度(-55 度 C ~ +125 度 C)

- 光敏電阻(CDS)：當光敏電阻受光時，電阻值變小，若用手指遮擋光敏電阻(暗)，電阻值變大，可利用此特性來監測環境受光的變化，將 J10 的 CDS 接腳連至適當的 Analog IO 腳位(A0~A5)，即可量測環境光線的變化

- 可變電阻/VR(10KΩ)：內建 10KΩ的可變電阻，其三支腳分別對應

VR/VC/VL 腳位，可利用這些腳位並旋轉旋鈕以獲得所需的阻值

- 電源滑動開關：黑色開關(向右 on/向左 off)，可打開或關閉從電源輸入接腳送至 UNO 控制板的電源(VIN)

- Reset 按鍵：紅色按鍵為 Reset Key

- 電源輸入接腳：將紅黑電源線接頭插入此電源母座(紅色為正極/+,黑色為負極/-)

- 測試按鍵(Key)：若將 J14 Jumper B/C 短路，則 Key 1(S3)按鍵自動連至 A1 Pin，無需接線，可將 A1 設定為 Digital I/O 或 利用 Analog I/O (A/D)來偵測 Key 1 按鍵的狀態。Key 2(S4)按鍵則需使用杜邦線將 J14 Jumper A 連至適當的數位或類比腳位

系統規格

- 控制器核心：ATmega328

- 控制電壓：5V

- 建議輸入電(recommended)：7-12 V

- 最大輸入電壓 (limits)：6-20 V

- 數位 I/O Pins：14 (of which 6 provide PWM output)

- 類比輸入 Pins：6 組

- DC Current per I/O Pin：40 mA

- DC Current for 3.3V Pin：50 mA

- Flash Memory：32 KB (of which 0.5 KB used by bootloader)

- SRAM：2 KB

- EEPROM：1 KB

- Clock Speed：16 MHz

擴充規格

- Buzzer：連接至 D8(Jumper)，可以產生 melody 及警示告知，出廠時 Jumper 預設短路，若欲使用 D8，請將 Jumper 開路或拔除。

- 電池電量檢測：當 Jumper 短路時，會將 Vin 的 1/2 分壓連接至 A0，因此 即可利用 Analog IO A0 監測電池的電壓，所量之電壓值為 1/2 Vin，即真正 的電壓值為 A0 讀取的數值/1023 * 5V * 2，因此最高可量測 10V 的電壓 (1023/1023 * 5V * 2)

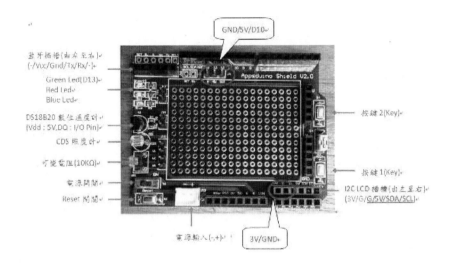

圖 11 Appsduino Shield V2.0 擴充板

86Duino One 開發版

簡介

86Duino One 是一款 x86 架構的開源微電腦開發板，內部採用高性能 32 位元 x86 相容的處理器 Vortex86EX，可以相容並執行 Arduino 的程式。此款 86Duino 是 特別針對機器人應用所設計，因此除了提供相容 Arduino Leonardo 的接腳外，也特 別提供了機器人常用的週邊介面，例如：可連接 18 個 RC 伺服機的專用接頭、 RS485 通訊介面、CAN Bus 通訊介面、六軸慣性感測器等。此外，其內建的特殊電源保護設計，能防止如電源反插等錯誤操作而燒毀電路板，並且與伺服機共用電源時，板上可承載達 10A 的電流。

One 針對機器人應用所提供的豐富且多樣性接腳，大幅降低了使用者因缺少某些接腳而需另尋合適控制板的不便。任何使用 Arduino 及嵌入式系統的機器人設計師，及有興趣的愛好者、自造者，皆可用 One 來打造專屬自己的機器人與自動化設備。

硬體規格

- CPU 處理器：x86 架構 32 位元處理器 Vortex86EX，主要時脈為 300MHz（可用 SysImage 工具軟體超頻至最高 400MHz）

- RAM 記憶體：128MB DDR3 SDRAM

- Flash 記憶體：內建 8MB，出廠已安裝 BIOS 及 86Duino 韌體系統

- 1 個 10M/100Mbps 乙太網路接腳

- 1 個 USB Host 接腳

- 1 個 MicroSD 卡插槽

- 1 個 Mini PCI-E 插槽

- 1 個音效輸出插槽，1 個麥克風輸出插槽（內建 Realtek ALC262 高傳真音效晶片）

- 1 個電源輸入 USB Device 接腳（5V 輸入，Type B micro-USB 母座，同時也是燒錄程式接腳）

- 1 個 6V-24V 外部電源輸入接腳（2P 大電流綠色端子台）

- 45 根數位輸出/輸入接腳（GPIO），含 18 個 RC 伺服機接頭

- 3 個 TTL 序列接腳（UART）

- 1 個 RS485 串列埠

- 4 組 Encoder 接腳

- 7 根 A/D 輸入接腳

- 11 根 PWM 輸出接腳

- 1 個 SPI 接腳

- 1 個 I2C 接腳

- 1 個 CAN Bus 接腳

- 三軸加速度計

- 三軸陀螺儀

- 2 根 5V 電壓輸出接腳，2 根 3.3V 電壓輸出腳

- 長：101.6mm，寬：53.34mm

- 重量：56g

尺寸圖

86Duino One 大小與 Arduino Mega 2560 相同，如圖 12 所示：

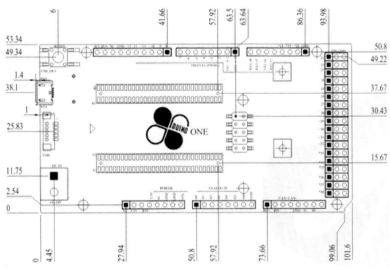

圖 12 86Duino One 尺寸圖

資料來源：86duino 官網(http://www.86duino.com/index.php?p=9879&lang=TW)

由圖 13 可看出 One 的固定孔位置（紅圈處）亦與 Arduino Mega 2560 相同，並且相容 Arduino Leonardo。

圖 13 三開發板故定孔比較圖

資料來源：86duino 官網(http://www.86duino.com/index.php?p=9879&lang=TW)

86Duino One 腳位圖

86Duino One 的 Pin-Out Diagram 如圖 14 所示：

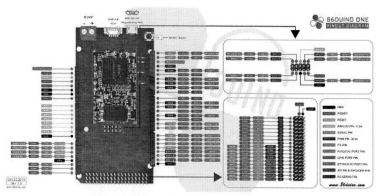

圖 14 86Duino OnePin-Out Diagram

資料來源：86duino 官網(http://www.86duino.com/index.php?p=9879&lang=TW)

透過 Pin-Out Diagram 可以看到 One 在前半段 Arduino 標準接腳處（如圖 15 紅框處）與 Arduino Mega 2560 及 Arduino Leonardo 是相容的，但後半段 RC 伺服機接頭處與 Arduino Mega 2560 不同，因此 One 可以堆疊 Arduino Uno 及 Leonardo 使用的短型擴展板（例如 Arduino WiFi Shield），但不能直接堆疊 Arduino Mega 2560 專用的長型擴展板。

圖 15 三開發板腳位比較圖

資料來源：86duino 官網(http://www.86duino.com/index.php?p=9879&lang=TW)

I/O 接腳功能簡介

電源系統

86Duino One 有兩個電源輸入接腳，一個為外部電源輸入接腳，為工業用綠色

端子台（如

圖 16 紅圈處），其上有標示電源正極與負極兩個接孔，可輸入大電流電源，電壓範圍為 6V ~ 24V。

圖 16　86Duino One 電源系統圖

資料來源：86duino 官網(http://www.86duino.com/index.php?p=9879&lang=TW)

　　另一個電源輸入接腳為燒錄程式用的 micro-USB 接頭（如圖 17 紅圈處），輸入電壓必須為 5V。

圖 17 86Duino One micro-USB 圖

資料來源：86duino 官網(http://www.86duino.com/index.php?p=9879&lang=TW)

　　使用者可透過上面任一接腳為 One 供電。當您透過綠色端子台供電時，電源會被輸入到板上內建的穩壓晶片，產生穩定的 5V 電壓來供應板上所有零件的正常運作。當您透過 micro-USB 接頭供電時，由 USB 主機輸入的 5V 電壓會直接以 by-pass 方式被用來為板上零件供電。綠色端子台與 micro-USB 接頭可以同時有電源輸入，此時 One 會透過內建的自動選擇電路（如下圖）自動選擇穩定的電壓供應來源。

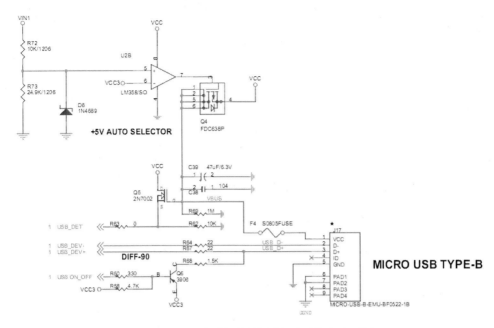

圖 18 86Duino One 自動選擇穩定的電壓供應來源圖

資料來源：86duino 官網(http://www.86duino.com/index.php?p=9879&lang=TW)

經由綠色端子台的電源連接方式

　　綠色端子台可用來輸入機器人伺服機需要的大電流電源，輸入的電壓會以 by-pass 方式被連接到所有 VIN 接腳上，並且也輸入到穩壓晶片（regulator）中來產生穩定的 5V 電壓輸出。此電源輸入端的電路如下所示：

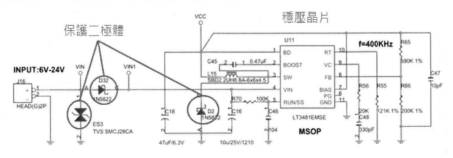

圖 19 86Duino One 綠色端子台的電源連接方式圖

資料來源：86duino 官網(http://www.86duino.com/index.php?p=9879&lang=TW)

由於機器人的電源通常功率較大，操作不慎容易將電路板燒壞，所以我們在電路上加入了較強的TVS二極體保護，可防止電源突波（火花）及電源反插（正負極接反）等狀況破壞板上元件。（注意，電源反插保護有其極限，使用者應避免反插超過 40V 的電壓。）

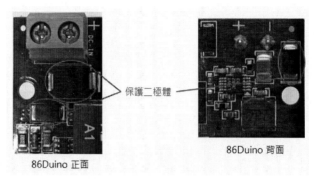

圖 20 86duino 保護二極體圖

資料來源：86duino 官網(http://www.86duino.com/index.php?p=9879&lang=TW)

以電池供電：

通常機器人會使用可輸出大電流的電池作為動力來源，您可直接將電池的正負極導線鎖到綠色端子台來為 One 供電。

圖 21 86Duino One 電池供電圖

資料來源：86duino 官網(http://www.86duino.com/index.php?p=9879&lang=TW)

以電源變壓器供電：

若希望使用一般家用電源變壓器為 One 供電，建議可製作一個連接變壓器的轉接頭。這裡我們拿電源接頭為 2.1mm 公頭的變壓器為例，準備一個 2.1mm 的電源母座（如下圖），將兩條導線分別焊在電源母座的正極和負極，然後導線另一端鎖在綠色端子台上，再將電源母座與變壓器連接，便可完成變壓器到綠色端子台的轉接。

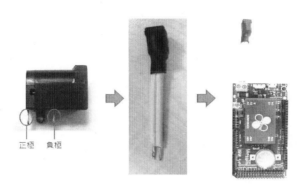

圖 22 86Duino One 電源變壓器供電圖

資料來源：86duino 官網(http://www.86duino.com/index.php?p=9879&lang=TW)

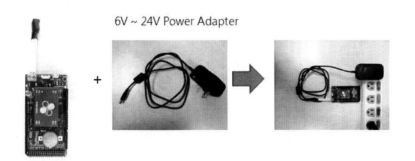

圖 23 86Duino One 電源變壓器供電接腳圖

資料來源：86duino 官網(http://www.86duino.com/index.php?p=9879&lang=TW)

直流電源供應器的連接方式：

使用直流電源供應器為 One 供電相當簡單，直接將電源供應器的正負極輸出，以正接正、負接負的方式鎖到綠色端子台的正負極輸入即可。

負極　　　　　　　　　　　　　　正極

圖 24 86Duino One 直流電源供應器的連接方式圖

資料來源：86duino 官網(http://www.86duino.com/index.php?p=9879&lang=TW)

經由 micro-USB 接頭的電源連接方式

可透過板上 micro-USB 接頭取用 USB 主機孔或 USB 充電器的 5V 電壓為 One 供電。為避免不當操作造成 USB 主機孔損害，此接頭內建了 1 安培保險絲做為保護：

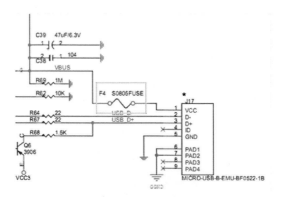

圖 25 86Duino One micro-USB 接頭的電源連接方式圖

資料來源：86duino 官網(http://www.86duino.com/index.php?p=9879&lang=TW)

使用者只要準備一條 micro-USB 轉 Type A USB 的轉接線（例如：智慧型手機的傳輸線；86Duino One 配線包內含此線），便可利用其將 One 連接至 PC 或筆電的 USB 孔來供電，如下所示：

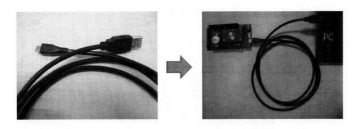

圖 26 86Duino One micro-USB to PC 圖

資料來源：86duino 官網(http://www.86duino.com/index.php?p=9879&lang=TW)

亦可用此線將 One 連接至 USB 充電器來供電：

圖 27 86Duino USB 充電器供電圖

資料來源：86duino 官網(http://www.86duino.com/index.php?p=9879&lang=TW)

請注意，當 86Duino One 沒有外接任何裝置（如 USB 鍵盤滑鼠）時，至少需要 440mA 的電流才能正常運作；一般 PC 或筆電的 USB 2.0 接腳可提供最高 500mA 的電流，足以供應 One 運作，但如果 One 接上外部裝置（包含 USB 裝置及接到 5V 及 3.3V 輸出的實驗電路），由於外部裝置會消耗額外電流，使得整體消耗電流可能超出 500mA，這時用 PC 的 USB 2.0 接腳供電便顯得不適當，可以考慮改由能提供 900mA 的 USB 3.0 接腳或可提供更高電流的 USB 電源供應器（如智慧型手機的充電器）來為 One 供電[8]。

---

[8]有些老舊或設計不佳的 PC 及筆電在 USB 接腳上設計不太嚴謹，能提供的電流低於 USB 2.0 規範的 500mA，用這樣的 PC 為 86Duino One 供電可能使其運作不正常（如無法開機或無法燒錄程式），此時應換到另一台電腦再重新嘗試。

當 86Duino One 的綠色電源端子或 micro-USB 電源接腳輸入正確的電源後，電源指示燈 "ON" 會亮起，如下圖：

圖 28 86Duino 電源指示燈圖

資料來源：86duino 官網(http://www.86duino.com/index.php?p=9879&lang=TW)

電源輸出接腳

86Duino One 板上配置有許多根電壓輸出接腳，可分為三類：3.3V、5V 和 VIN，如下圖：

圖 29 86Duino 電源輸出接腳圖

資料來源：86duino 官網(http://www.86duino.com/index.php?p=9879&lang=TW)

3.3V、5V 輸出接腳可做為電子實驗電路的電壓源，其中 3.3V 接腳最高輸出電流為 400mA，5V 接腳最高輸出電流為 1000mA。VIN 輸出和綠色端子台的外部電源輸入是共用的，換句話說，兩者在電路上是連接在一起的；VIN 接腳主要用於供給機器人伺服機等大電流裝置的電源。

請注意，若您的實驗電路需要消耗超過 1A 的大電流（例如直流馬達驅動電路），應該使用 VIN 輸出接腳為其供電，避免使用 5V 和 3.3V 輸出接腳供電。此外，由於 VIN 輸出電壓一般皆高 5V,使用上應避免將 VIN 與其它 I/O 接腳短路,否則將導致 I/O 接腳燒毀。

MicroSD 卡插槽

86Duino One 支援最大 32GB SDHC 的 MicroSD 卡,不支援 SDXC。

請注意,如果您打算在 Micro SD 卡中安裝 Windows 或者 Linux 作業系統,Micro SD 卡本身的存取速度將直接影響作業系統的開機時間與執行速度,建議使用 Class 10 的 Micro SD 卡較為合適。

86Duino One 另外提供了SysImage工具程式,讓您在 Micro SD 卡上建立可開機的 86Duino 韌體系統。

開機順序

One 開機時,BIOS 會到三個地方去尋找可開機磁碟:內建的 Flash 記憶體、MicroSD 卡、USB 隨身碟。搜尋順序是 MicroSD 卡優先,然後是 USB 隨身碟[9],最後才是 Flash。內建的 Flash 記憶體在出廠時,已經預設安裝了 86Duino 韌體系統,如果使用者在 One 上沒有插上可開機的 MicroSD 卡或 USB 隨身碟,預設就會從 Flash 開機。

Micro SD 卡插入方向

MicroSD 插槽位於 One 背面,請依照下圖方式插入 MicroSD 卡即可:

---

[9] 當您插上具有開機磁區的 MicroSD 卡或 USB 隨身碟,請確保該 MicroSD 卡或 USB 隨身碟上已安裝 86Duino 韌體系統或其它作業系統(例如 Windows 或 Linux),否則 One 將因找不到作業系統而開機失敗。

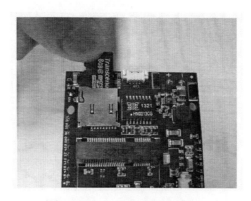

圖 30 86Duino Micro SD 卡

資料來源：86duino 官網(http://www.86duino.com/index.php?p=9879&lang=TW)

　　您可能注意到 One 的 MicroSD 插槽位置比 Arduino SD 卡擴展板及一般嵌入式系統開發板的插槽更深入板內，這是刻意的設計，目的是讓 MicroSD 卡插入後完全不突出板邊（見下圖）。當 One 用在機器人格鬥賽或其它會進行激烈動作的裝置上，這種設計可避免因為意外撞擊板邊而發生 MicroSD 卡掉落的慘劇。

圖 31 86Duino Micro SD 插槽圖

資料來源：86duino 官網(http://www.86duino.com/index.php?p=9879&lang=TW)

GPIO 接腳（數位輸出/輸入接腳）

　　86Duino One 提供 45 根 GPIO 接腳，如下圖所示。在 86Duino Coding 開發環境內，您可以呼叫 digitalWrite 函式在這些腳位上輸出 HIGH 或 LOW，或呼叫digitalRead函式來讀取腳位上的輸入狀態。

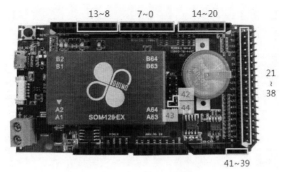

圖 32 86Duino GPIO 接腳圖

資料來源：86duino 官網(http://www.86duino.com/index.php?p=9879&lang=TW)

　　每根 GPIO 都有輸入和輸出方向，您可以呼叫pinMode函式來設定方向。當 GPIO 設定為輸出方向時，輸出 HIGH 為 3.3V，LOW 為 0V，每根接腳電流輸出最高為 16mA。當 GPIO 為輸入方向時，輸入電壓可為 0～5V。

　　86Duino One 和 Arduino 類似，部分 GPIO 接腳具有另一種功能，例如：在腳位編號前帶有 ～ 符號，代表它可以輸出 PWM 信號；帶有 RX 或 TX 字樣，代表它可以輸出 UART 串列信號；帶有 EA、EB 、EZ 字樣，代表可以輸入 Encoder 信號。我們各取一組腳位來說明不同功能的符號標示，如下圖所示：

圖 33 86Duino GPIO 接腳功能的符號標示圖

資料來源：86duino 官網(http://www.86duino.com/index.php?p=9879&lang=TW)

RESET

86Duino One 在板子左上角提供一個 RESET 按鈕，在左下方提供一根 RESET
接腳，如下圖所示。

圖 34 86Duino RESET 圖

資料來源：86duino 官網(http://www.86duino.com/index.php?p=9879&lang=TW)

RESET 接腳，內部連接到 CPU 模組上的重置晶片，在 RESET 接腳上製造一個低電壓脈衝可讓 One 重
新開機，RESET 接腳電路如下所示：

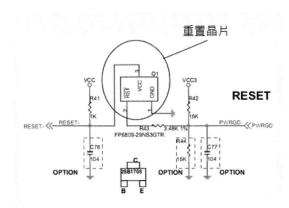

圖 35 86Duino RESET 接腳圖

資料來源：86duino 官網(http://www.86duino.com/index.php?p=9879&lang=TW)

RESET 按鈕內部與 RESET 接腳相連接，按下 RESET 按鈕同樣可使 One 重
新開機：

RESET SWITCH

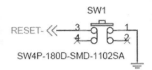

圖 36 86Duino RESET SW 圖

資料來源：86duino 官網(http://www.86duino.com/index.php?p=9879&lang=TW)

A/D 接腳（類比輸入接腳）

86Duino One 提供 7 通道 A/D 輸入，為 AD0～AD6，位置如下圖所示：

圖 37 86Duino A/D 接腳圖

資料來源：86duino 官網(http://www.86duino.com/index.php?p=9879&lang=TW)

每一個通道都具有最高 11 bits 的解析度，您可以在 86Duino Coding 開發環境下呼叫analogRead函式來讀取任一通道的電壓值。為了與 Arduino 相容，由analogRead 函式讀取的 A/D 值解析度預設是 10 bits，您可以透過analogReadResolution函式將解析度調整至最高 11 bits。

請注意，每一個 A/D 通道能輸入的電壓範圍為 0V～3.3V，使用上應嚴格限制輸入電壓低於 3.3V，若任一 A/D 通道輸入超過 3.3V，將使所有通道讀到的數值同時發生異常，更嚴重者甚至將燒毀 A/D 接腳。此外，應注意 One 的 A/D 接腳不能像 Arduino Leonardo 一樣切換成數位輸出入接腳。

I2C 接腳

86Duino One 提供一組 I2C 接腳，為 SDA 和 SCL，位置如下：

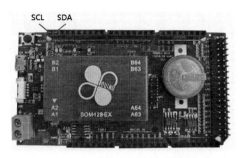

圖 38 86Duino I2C 接腳圖

資料來源：86duino 官網(http://www.86duino.com/index.php?p=9879&lang=TW)

您可以在 86Duino Coding 開發環境裡使用Wire函式庫來操作 I2C 接腳。One 支援 I2C 規範的 standard mode（最高 100Kbps）、fast mode（最高 400Kbps）、high-speed mode（最高 3.3Mbps）三種速度模式與外部設備通訊。根據 I2C 規範，與外部設備連接時，需要在 SCL 和 SDA 腳位加上提升電阻。提升電阻的阻值與 I2C 速度模式有關，One 在內部已經加上 2.2k 歐姆的提升電阻（如圖 39 所示），在 100Kbps 和 400Kbps 的速度模式下不需再額外加提升電阻；在 3.3Mbps 速度模式下，則建議另外再加上 1.8K ~ 2K 歐姆的提升電阻。

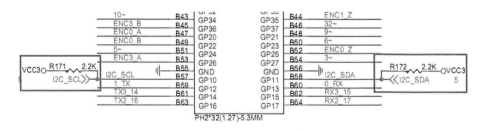

圖 39 86Duino I2C 接腳線路圖

資料來源：86duino 官網(http://www.86duino.com/index.php?p=9879&lang=TW)

PWM 輸出

86Duino One 提供 11 個 PWM 輸出通道（與 GPIO 共用腳位），分別為 3、5、6、9、10、11、13、29、30、31、32，位置如下圖：

圖 40 86Duino PWM 輸出圖

資料來源：86duino 官網(http://www.86duino.com/index.php?p=9879&lang=TW)

您可以在 86Duino Coding 開發環境裡呼叫analogWrite函式來讓這些接腳輸出 PWM 信號。One 的 PWM 通道允許最高 25MHz 或 32-bit 解析度輸出信號，但為了與 Arduino 相容，預設輸出頻率為 1KHz，預設解析度為 8 bits。

analogWrite函式輸出的 PWM 頻率固定為 1KHz 無法調整，不過，您可呼叫analogWriteResolution函式來提高其輸出的 PWM 信號解析度至 13 bits。若您需要在 PWM 接腳上輸出其它頻率，可改用TimerOne函式庫來輸出 PWM 信號，最高輸出頻率為 1MHz。

TTL 串列埠（UART TTL）

86Duino One 提供 3 組 UART TTL，分別為 TX (1) / RX (0)、TX2 (16) / RX2 (17)、TX3 (14) / RX3 (15)，其通訊速度（鮑率）最高可達 6Mbps。您可以使用Serial1 ~ Serial3函式庫來接收和傳送資料。UART TTL 接腳的位置如圖 41 所示：

86Duino #	Name
1	TX1
0	RX1
14	TX2
15	RX2
16	TX3
17	RX3

圖 41 86Duino TTL 串列埠圖

資料來源：86duino 官網(http://www.86duino.com/index.php?p=9879&lang=TW)

請注意，這三組 UART 信號都屬於 LVTTL 電壓準位（0~3.3V），請勿將 12V 電壓準位的 RS232 接腳信號直接接到這些 UART TTL 接腳，以免將其燒毀。

值得一提的是，One 的 UART TTL 皆具有全雙工與半雙工兩種工作模式。當工作於半雙工模式時，可與要求半雙工通訊的機器人 AI 伺服機直接連接，不像 Arduino 與 Raspberry Pi 需額外再加全雙工轉半雙工的介面電路。UART TTL 的半雙工模式可在 86Duino sketch 程式中以 Serial1 ~ Serial3 函式庫提供的begin函式切換。

RS485 串列埠

86Duino One 提供一組 RS485 接腳，與外部設備通訊的速度（鮑率）最高可達 6Mbps。您可以使用Serial485函式庫來接收和傳送資料。其接腳位置如下圖：

圖 42 86Duino RS485 串列埠圖

資料來源：86duino 官網(http://www.86duino.com/index.php?p=9879&lang=TW)

請注意，RS485 與 UART TTL 不同，採差動信號輸出，因此無法與 UART TTL 互連及通訊。

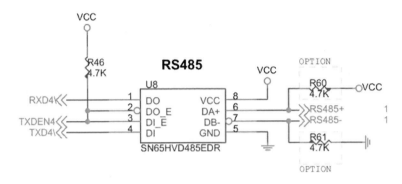

圖 43 86Duino RS485 串列埠線路圖

資料來源：86duino 官網(http://www.86duino.com/index.php?p=9879&lang=TW)

CAN Bus 網路接腳

CAN Bus 是一種工業通訊協定，可以支持高安全等級及有效率的即時控制，常被用於各種車輛與自動化設備上。86Duino One 板上提供了一組 CAN Bus 接腳，位置如下：

圖 44 86Duino CAN Bus 網路接腳圖

資料來源：86duino 官網(http://www.86duino.com/index.php?p=9879&lang=TW)

您可以在 86Duino Coding 開發環境裡使用CANBus函式庫來操作 One 的 CAN Bus 接腳。

必須一提的是，One 與 Arduino Due 的 CAN Bus 接腳實作並不相同，One 板上已內建TI SN65HVD230的 CAN 收發器來產生 CAN Bus 物理層信號（如下圖），可直接與外部 CAN Bus 裝置相連；Arduino Due 並沒有內建 CAN 收發器，必須在其 CAN Bus 腳位另外加上 CAN 收發器，才能連接 CAN Bus 裝置。

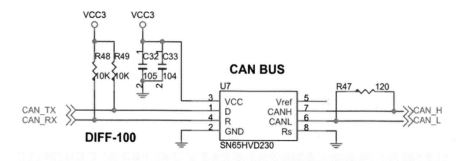

圖 45 86Duino CAN Bus 網路接腳線路圖

資料來源：86duino 官網(http://www.86duino.com/index.php?p=9879&lang=TW)

因為 Arduino Due 缺乏 CAN 收發器，所以 One 的 CAN Bus 接腳不能與 Arduino Due 的 CAN Bus 接腳直接對接，這種接法是無法通訊的。

SPI 接腳

86Duino One 提供一組 SPI 接腳，位置與 Arduino Leonardo 及 Arduino Due 相容，並額外增加了 SPI 通訊協定的 CS 接腳信號，如圖 46 示：

Pin #	Name
0	SPI_DI
1	SPI_CLK
2	SPI_CS
3	SPI_DO

圖 46 86Duino SPI 接腳圖

資料來源：86duino 官網(http://www.86duino.com/index.php?p=9879&lang=TW)

您可以在 86Duino Coding 開發環境裡使用SPI函式庫來操作 SPI 接腳。

LAN 網路接腳

86Duino One 背面提供一個 LAN 接腳，支援 10/100Mbps 傳輸速度，您可以使用Ethernet函式庫來接收和傳送資料。LAN 接腳的位置及腳位定義如圖 47 所示：

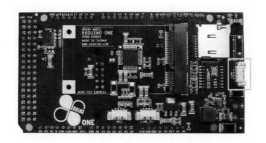

圖 47 86DuinoLAN 網路接腳圖

資料來源：86duino 官網(http://www.86duino.com/index.php?p=9879&lang=TW)

Pin #	Signal Name
0	LAN-TX+
1	LAN-TX-
2	LAN-RX+
3	LAN-RX-

圖 48 86DuinoLAN 網路接腳線路圖

資料來源:86duino 官網(http://www.86duino.com/index.php?p=9879&lang=TW)

LAN 接腳是 1.25mm 的 4P 接頭,因此您需要製作一條 RJ45 接頭的轉接線來連接網路線。不將 RJ45 母座焊死在板上,是為了方便機器人設計師將 RJ45 母座安置到機器人身上容易插拔網路線的地方,而不用遷就控制板的安裝位置。

Audio 接腳

86Duino One 內建 HD Audio 音效卡,並透過高傳真音效晶片 Realtek ALC262 提供一組雙聲道音效輸出和一組麥克風輸入,內部電路如圖 49 所示。在 86Duino Coding 開發環境中,您可以使用Audio函式庫來輸出立體音效。

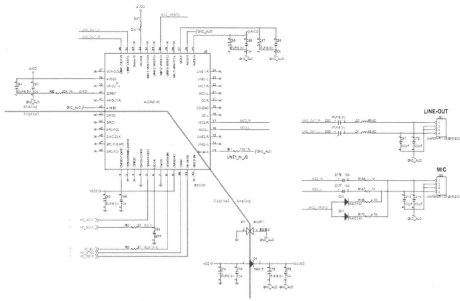

圖 49 86Duino Audio 接腳線路圖

資料來源：86duino 官網(http://www.86duino.com/index.php?p=9879&lang=TW)

Realtek ALC262 音效晶片位於 One 背面，位置如圖 50 所示：

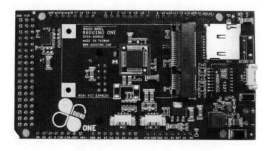

圖 50 ALC262 音效晶片

資料來源：86duino 官網(http://www.86duino.com/index.php?p=9879&lang=TW)

音效輸出和麥克風輸入接腳位於音效晶片下方，為兩個 1.25mm 的 4P 接頭，如圖 51 所示，左邊為 MIC（麥克風輸入），右邊為 LINE_OUT（音效輸出）：

Pin #	MIC	LINE_OUT
0	MIC2_R	LINE_OUT_R
1	GND	GND
2	GND	GND
3	MIC2_L	LINE_OUT_L

圖 51 86Duino Audio 接腳圖

資料來源：86duino 官網(http://www.86duino.com/index.php?p=9879&lang=TW)

若您希望連接TRS 端子的耳機/擴音器及麥克風，您需要製作 TRS 母座轉接線。不將 TRS 母座焊死在板上，同樣是為了方便機器人設計師將 TRS 母座安置到機器人身上容易插拔擴音器及麥克風的地方，而不用遷就控制板的安裝位置。

USB 2.0 接腳

86Duino One 有一個 USB 2.0 Host 接腳，可外接 USB 裝置（如 USB 鍵盤及滑鼠）。在 86Duino Coding 開發環境下，可使用 USB Host函式庫來存取 USB 鍵盤、滑鼠。當您在 One 上安裝 Windows 或 Linux 作業系統時，USB 接腳亦可接上 USB 無線網卡及 USB 攝影機，來擴充無線網路與視訊影像功能。USB 接腳位置及腳位定義如下：

圖 52 86Duino USB 2.0 接腳圖

資料來源：86duino 官網(http://www.86duino.com/index.php?p=9879&lang=TW)

Pin #	USB 2.0
1	VCC
2	USBD1-
3	USBD1+
4	GND
5	GGND

圖 53 86Duino USB 2.0 接腳線路圖

資料來源：86duino 官網(http://www.86duino.com/index.php?p=9879&lang=TW)

USB 接腳是 1.25mm 的 5P 接頭，因此您需要製作一條 USB 接頭母座的轉接線來連接 USB 裝置。不將 USB 母座焊死在板上，同樣是為了方便機器人設計師將 USB 母座安置到機器人身上容易插拔 USB 裝置的地方，而不用遷就控制板的安裝位置。

Encoder 接腳

86Duino One 提供 4 組 Encoder 接腳，每組接腳有三根接腳，分別標為 A、B、Z ，如圖 54 示：

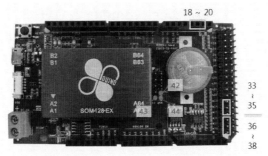

圖 54 86Duino Encoder 接腳圖

資料來源：86duino 官網(http://www.86duino.com/index.php?p=9879&lang=TW)

	Encoder0	Encoder1	Encoder2	Encoder3
A	42	18	33	36
B	43	19	34	37
Z	44	20	35	38

圖 55 86Duino Encoder 接腳線路圖

資料來源：86duino 官網(http://www.86duino.com/index.php?p=9879&lang=TW)

Encoder 接腳可用於讀取光學增量編碼器及 SSI 絕對編碼器信號。在 86Duino Coding 開發環境下，您可以使用Encoder函式庫來讀取這些接腳的數值。每一個 Encoder 接腳可允許的最高輸入信號頻率是 25MHz。

三軸加速度計與三軸陀螺儀

86Duino One 板上內建一顆三軸加速度計與三軸陀螺儀感測晶片LSM330DLC，可用於感測機器人的姿態。您可以在 86Duino Coding 開發環境裡使用FreeIMU1函式庫來讀取它(如圖 56 所示)。

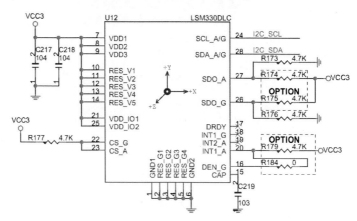

圖 56 86Duino 三軸加速度計與三軸陀螺儀線路圖

資料來源：86duino 官網(http://www.86duino.com/index.php?p=9879&lang=TW)

感測晶片在板上的位置如圖 57 所示：

圖 57 86Duino 三軸加速度計與三軸陀螺儀圖

資料來源：86duino 官網(http://www.86duino.com/index.php?p=9879&lang=TW)

圖 58 標示感測晶片 X-Y-Z 坐標方位在 One 電路板上的對應：

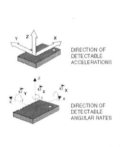 

圖 58 86Duino 三軸加速度計與三軸陀螺儀 X-Y-Z 坐標方位圖

資料來源：86duino 官網(http://www.86duino.com/index.php?p=9879&lang=TW)

請注意，這顆感測晶片連接在 One 的 I2C 接腳上，佔用 0x18 及 0x6A 兩個 I2C 地址（此為 7-bit 地址，對應的 8-bit 地址是 0x30 及 0xD4），若您在外部接上具有相同地址的 I2C 裝置，將可能發生衝突。

Mini PCI-E 接腳

86Duino One 背面提供一個 Mini PCI-E 插槽（如圖 59 紅框處），可用來安裝 Mini PCI-E 擴充卡，例如：VGA 顯示卡或 WiFi 無線網卡。

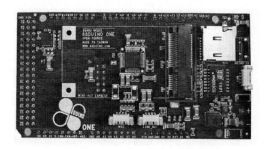

圖 59 86Duino Mini PCI-E 接腳圖

資料來源：86duino 官網(http://www.86duino.com/index.php?p=9879&lang=TW)

Mini PCI-E 插槽的電路圖如圖 60 所示：

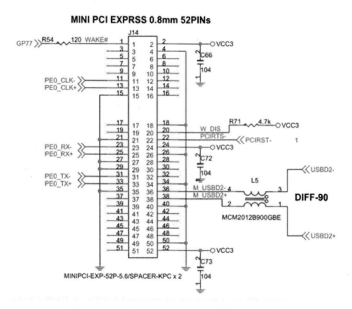

圖 60 86Duino Mini PCI-E 接腳線路圖

資料來源：86duino 官網(http://www.86duino.com/index.php?p=9879&lang=TW)

CMOS 電池

大部份 x86 電腦擁有一塊CMOS 記憶體用以保存 BIOS 設定及實時時鐘

（RTC）記錄的時間日期。CMOS 記憶體具有斷電後消除記憶的特點，因此 x86 電腦主機板通常會安置一顆外接電池來維持 CMOS 記憶體的存儲內容。

86Duino One 做為 x86 架構開發板，同樣具備上述的 CMOS 記憶體及電池，如圖 61 紅圈處所示：

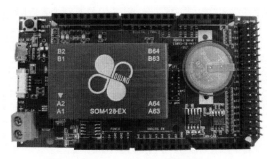

圖 61 86Duino CMOS 電池圖

資料來源：86duino 官網(http://www.86duino.com/index.php?p=9879&lang=TW)

不過，One 的 CMOS 記憶體只用來記錄實時時鐘時間及EEPROM函式庫的 CMOS bank 資料，並不儲存 BIOS 設定；因此，CMOS 電池故障並不影響 One 的 BIOS 正常開機運行，但會造成 EEPROM 函式庫儲存在 CMOS bank 的資料散失，並使 Time86函式庫讀到的實時時鐘時間重置。為確保 EEPROM 及 Time86 函式庫的正常運作，平時請勿隨意短路或移除板上的 CMOS 電池。

Arduino 硬體- Doctor duino 開發版

Doctor duino 開發版是『燦鴻電子』(http://class.ruten.com.tw/user/index00.php?s=boyi102) 洪總經理 柏旗先生公司 發展出來的產品，主要是為了簡化 Arduino 與麵包板、LCD1602、測試按鈕，溫度感測器、紅外線感測器...等其它常用的周邊發展出來的產品，本身完全相容於 Arduino UNO 開發版。

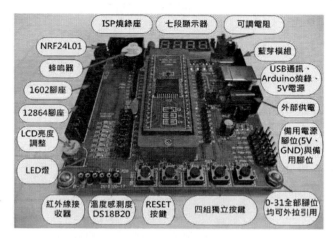

圖 62 Doctor duino 硬體規格

Doctor duino 是一款介於 UNO 和 MEGA 2560 之間的開發板，所使用的 IC 為 ATmega644p 可相容於 Arduino 開發軟體，可直接在 arduino 開發平台上做開發使用，適合老師做為教學用途以及學生實習的開發工具，開發板容入了許多硬體，我們可藉由這些硬體裝置，來做一些基本的相關應用。

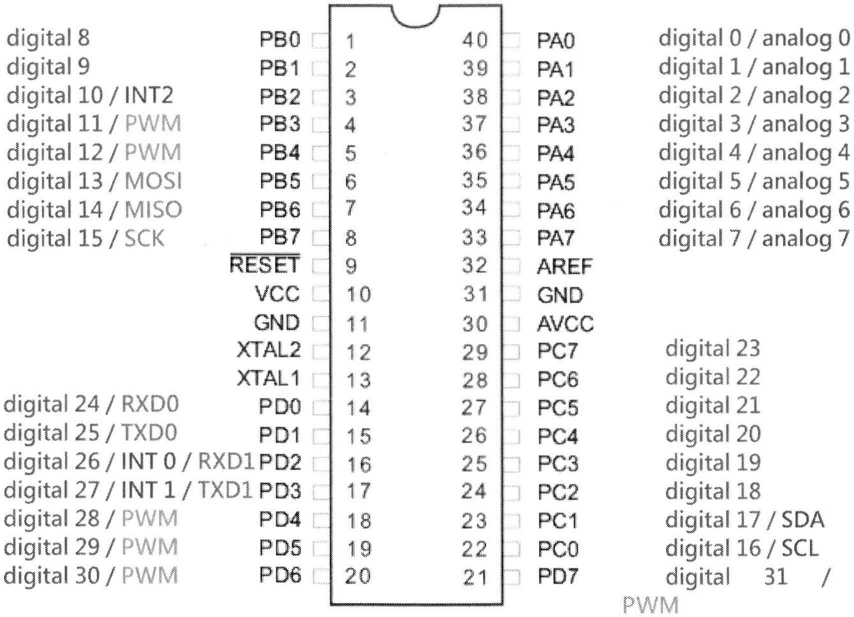

digital 8	PB0	1	40	PA0	digital 0 / analog 0
digital 9	PB1	2	39	PA1	digital 1 / analog 1
digital 10 / INT2	PB2	3	38	PA2	digital 2 / analog 2
digital 11 / PWM	PB3	4	37	PA3	digital 3 / analog 3
digital 12 / PWM	PB4	5	36	PA4	digital 4 / analog 4
digital 13 / MOSI	PB5	6	35	PA5	digital 5 / analog 5
digital 14 / MISO	PB6	7	34	PA6	digital 6 / analog 6
digital 15 / SCK	PB7	8	33	PA7	digital 7 / analog 7
	RESET	9	32	AREF	
	VCC	10	31	GND	
	GND	11	30	AVCC	
	XTAL2	12	29	PC7	digital 23
	XTAL1	13	28	PC6	digital 22
digital 24 / RXD0	PD0	14	27	PC5	digital 21
digital 25 / TXD0	PD1	15	26	PC4	digital 20
digital 26 / INT 0 / RXD1	PD2	16	25	PC3	digital 19
digital 27 / INT 1 / TXD1	PD3	17	24	PC2	digital 18
digital 28 / PWM	PD4	18	23	PC1	digital 17 / SDA
digital 29 / PWM	PD5	19	22	PC0	digital 16 / SCL
digital 30 / PWM	PD6	20	21	PD7	digital 31 / PWM

圖 63Doctor duino 腳位分佈圖

Doctor duino 開發版採用 Sanguino 644p 的單晶片，Doctor duino 開發板規格如表 1 所示。

表 1 Doctor duino 開發板規格

微控制器	ATmega644
電壓範圍	1.8-5.5V
輸入電壓極限	6V
Digital I/O Pins	32 (6 組 PWM 輸出)
類比轉數位 ADC	8 組
每隻 I/O 腳位的輸出電流	40 mA
每隻 I/O 腳位的輸出電流(3.3V)	50 mA
Flash Memory	64KB
SRAM	4 KB
EEPROM	2 KB
所使用的振盪器	16 MHz

ATmega644p 提供 32 組 I/O 腳位，其中分成 8 組類比轉數位 ADC、6 組 PWM、

2 組 UART、1 組 SPI、1 組 I2C，只要透過 UART 介面就可把程式寫入到 Doctor duino 開發板，不用在另外加買燒錄器，程式語法與 arduino 的語法相容，可直接套用 arduino 的程式語言。

ATmega644p 本身有內建 EEPROM，可以使用 arduino 的語法來做讀寫，如下為我們針對 UNO、ATmega644p、MEGA2560 的 EEPROM 比較：

表 2 AMTEL 單晶片 EEPROM 容量比較表

型號	容量
ATmega328	1KBytes
ATmega644	2KBytes
ATmega2560	4KBytes

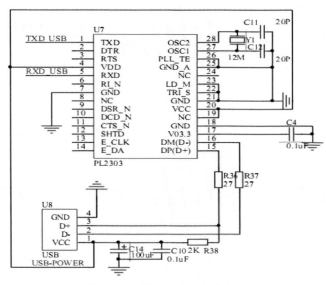

圖 64 USB 轉 TTL 的電路圖

整塊開發板的電源，主要來自電腦上的 USB 電源，開發板上面有一組 USB 轉 TTL 的電路，可透過此電路產生虛擬的串列埠介面來與 ATmega644p 通訊和燒錄程式，並且也提供開發板所有電源，使用此開發板不須外接 5V 的電源供應器，只要電腦的 USB 電源就可運作了。

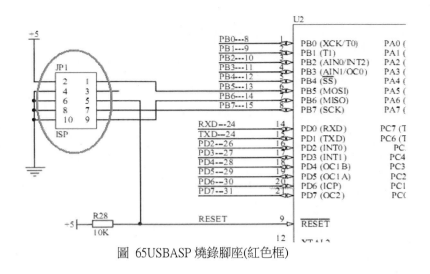

圖 65USBASP 燒錄腳座(紅色框)

　　若使用者不想用 arduino 開發平台來做開發，而想用一般的 IDE 開發軟體(例如 Keil C、IAR)來進行開發的話，我們這邊也有提供一組標準 USBASP 的燒錄腳座給使用者做一般燒錄使用，在使用 USBASP 進行燒錄時，可直接使用 USBASP 所提供的 5V 電源即可，不用在外加任何的電源。

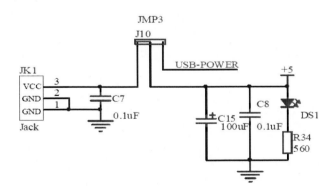

圖 66 USBASP Jack 接腳圖

　　當使用者不想使用 USB 供電時，可以外接 5V 的變壓器來提供電源給 Doctor duino 開發板，但是需要做一些硬體上的設定，也就是將 J10 上的 JUMP 改設定成外部供電，此時本來板上的 DS1 LED 燈將不會亮起，除非改成 USB 供電。

設計 Doctor duino 開發板最主要的目的，是讓初學者了解一些韌體的基本功能程式設計，所以我們在開發板上面加入了一些常用的零件，例如 LED、按鍵、七段顯示器、1602 LCD、可變電阻等，這些都是我們平常使用的零件，若初學者都會這些功能應用之後，就可用我們預留的腳位做一些延伸的應用如下為開發板上的硬體配備說明介紹：

LED 燈

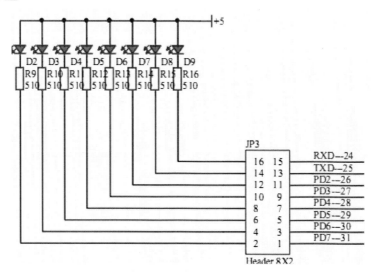

圖 67 Doctor duino 開發板八顆 Led 接腳圖

根據 ATmega644p 的 Datasheeet，ATmega644p 做為 I/O 輸出腳位時，其所能產生的電流大小為 40mA，而一般的 LED 驅動電流約 7mA~25mA，因此我們可以直接使用 ATmega644p 的 I/O 腳位去點亮 LED 燈，但為了使開發板能適用於不同的單晶片，我們還是使用外部 5V 電源外加一組 510Ω 的電阻供電給 LED 做為驅動使用，當 I/O 腳位輸出為 LOW 時，則會點亮 LED 燈，反之，若輸出為 HIGH 時，則熄滅 LED 燈，其 LED 與 I/O 腳位的對應關係如下：

表 3 Doctor duino 開發板八顆 Led 接腳表

I/O 腳位	LED 燈

24	D9
25	D8
26	D7
27	D6
28	D5
29	D4
30	D3
31	D2

按鍵

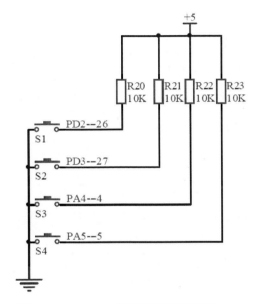

圖 68 Doctor duino 開發板按鍵接腳圖

　　一般我們在撰寫人機介面時，都會用到按鍵，按鍵算是最基本的零件，對於初學者來說是必學課程之一，而對於一般工程師，寫按鍵的程式算是家常便飯，Doctor duino 開發板提供了四組獨立按鍵，與一組 RESET 按鍵，當按鍵未按下其對應的 I/O 腳位為 HIGH，反之若按鍵按下則腳位為 LOW，其對應關係如下：

表 4 Doctor duino 開發板按鍵表

I/O 腳位	腳位按鍵名稱
26	S1

27	S2
4	S3
5	S4

可變電阻

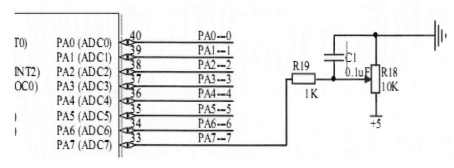

圖 69 ATmega644p 六組類比轉數位 ADC 功能腳位圖

ATmega644p 提供了六組類比轉數位 ADC 功能腳位，我們在其中一組腳位上加裝了一顆 10K 的可變電阻，雖然硬體架構簡單，但是對於學習 ADC 功能來說，就足以讓初學者了解 ADC 大至上是怎樣子的運作流程了，如下為各 IC 之比較。

表 5 Arduino 開發版 ADC 比較表

開發板	使用 IC	ADC 數
Arduino Uno	ATmega328p	6 組
Doctor duino	ATmega644p	8 組
Arduino Mega 2560	ATmega2560	16 組

蜂鳴器

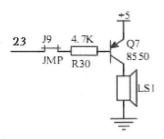

圖 70 蜂鳴器接腳圖

　　一般蜂鳴器可分成壓電式和電磁式的，Doctor duino 開發板所使用的蜂鳴器為壓電式的蜂鳴器，所以只要送一個穩定的 5V 電壓給蜂鳴器就可發音，在此我們使用 PNP 電晶體當做開關來啟動或關閉蜂鳴器，也就是說，當輸出為 HIGH 時，關閉蜂鳴器，反之輸出為 LOW 時，開啟蜂鳴器，須注意的是，當設定蜂鳴器腳位為輸出模式後，需在設定蜂鳴器為 HIGH，否則一打開 Doctor duino 開發板時，會導致蜂鳴器啟動。

七段顯示器

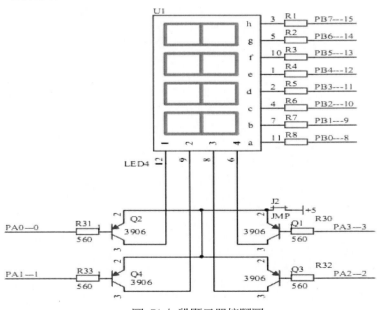

圖 71 七段顯示器接腳圖

採用四數位共陰極的七段顯示器，如上電路圖所示，a~h 為點亮單一筆畫，而

1~4 為致能單顆七段顯示器，在 1~4 的部份都接有一顆 PNP 電晶體來驅動七段顯示器的每一位數(個、十、百、千)，所以，由上圖可看出，當 1~4 某位數腳輸出為 LOW 時，將致能此位數的七段顯示器(可點亮一個 8)，反之若為 HIGH 時，則將禁能此位數的七段顯示器(無法點亮一個 8)，其對應關係說明如下：

表 6 Doctor duino 開發板七段顯示器位數腳位圖

控制腳位	位數
digital pin 0	千
digital pin 1	百
digital pin 2	十
digital pin 3	個

串列埠 Serial Port

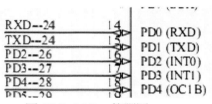

圖 72 Serial Port 接腳圖

ATmega644p 內建兩組 UART 的功能，分別為 Digital 24、25(RXD0、TXD0)與 Digital 26、Digital 27(RXD1、TXD1)，而其中一組(RXD0、TXD0)腳位上外接了一顆 USB 轉 TTL 的 IC(PL2303)，我們做燒錄 Doctor duino 開發板用的，並且也可以透過此腳位本身的 UART 功能來傳資料給電腦端，反之也可收電腦端傳來的資料。

溫度感測器 DS18B20

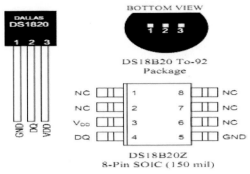

圖 73 DS18B20 接腳圖

圖片來源：Dallas 的 Datasheet

　　DS18B20 可測得的溫度範圍為-55℃~+125℃，此溫度感測器的應用很廣泛，例如飲水機的溫度、冷氣排放的溫度等等都可以量測，而且為數位訊號輸出，與類比訊號輸出更加穩定，若採用類比訊號輸出的溫度感測器會因為接線太長的關係，而導致微控制器在接收類比訊號是會有所誤差，這也是為何大家都使用 DS18B20 的主要原因。

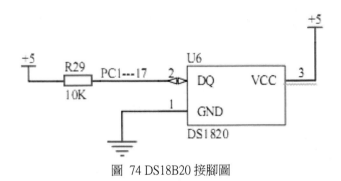

圖 74 DS18B20 接腳圖

　　DS18B20 的 IC 有兩種封裝，其中一種為 TO-92 封裝，此封裝有點類似電晶體的樣式，腳位分別為 GND、DQ、VDD，其中 VDD、GND 為電源部份，DQ 腳位為數位訊號輸出入腳，我們可以透過 DQ 腳位來取得目前的溫度數據。

LCD 1602

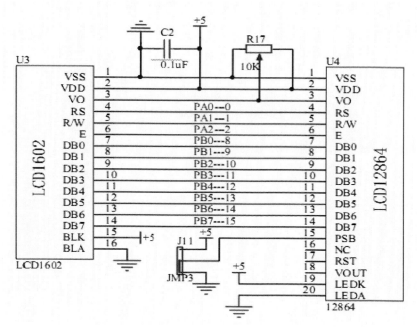

圖 75 LCD1602&LCD12864 共用腳位圖

LCD 1602 可能是讀者在做專題時，都會考慮使用的液晶顯示模組，比起其它類型的 LCD 模組會來得好上手，資料量也是最多的，所以在學習液晶顯示的初學者都會先以這塊做為練習的對象，然後學會這塊之後在做延伸到繪圖型的 LCD 12864，在 Doctor duino 開發板上面有預留 LCD 1602 的腳座，使用者可以直接把 LCD 1602 插上去使用，，旁邊我們有加一顆可變電阻來調整字體亮度。

表 7 LCD 1602 接腳表

編號	符號	腳位說明	編號	符號	腳位說明
1	VSS	電源-0V 輸入	9	D2	資料線 2 (4 線控制使用)
2	VDD	電源-5V 輸入(接地)	10	D3	資料線 3 (4 線控制使用)
3	VO	字體亮度	11	D4	資料線 4
4	RS	RS = 0：命令暫存器 RS = 1：資料暫存器	12	D5	資料線 5

5	R/W	R/W = 0：寫入 R/W = 1：讀取	13	D6	**資料線 6**
6	E	E = 0：LCD 除能 E = 1：LCD 致能	14	D7	**資料線 7**
7	D0	資料線 0 (4線控制使用)	15	BLA	**背光-5V 輸入**
8	**D1**	**資料線 1 (4 線控制使用)**	16	BLK	**背光-0V 輸入(接地)**

LCD 12864

LCD 12864 與 LCD 1602 具有一樣的通訊協定格式，其可分成 4 線與 8 線的通訊方式，但 LCD 12864 比 1602 多了一種通訊也就是串列通訊，只要將 PSB 腳位設定為 LOW 則為串列傳輸模式，反之為 HIGH 則屬並列傳輸模式，此功能採用手動的設定，只要切換 Doctor duino 開發板上 J11 的跳帽及可更改設定。

表 8 LCD 12864 接腳表

編號	符號	腳位說明	編號	符號	腳位說明
1	VSS	電源-0V 輸入	11	D4	**資料線 4**
2	VDD	電源-5V 輸入(接地)	12	D5	**資料線 5**
3	VO	字體亮度	13	D6	**資料線 6**
4	RS(CS)	RS = 0：命令暫存器 RS = 1：資料暫存器	14	D7	**資料線 7**
5	R/W(SID)	R/W = 0：寫入 R/W = 1：讀取	15	PSB	**PSB = 0：串列模式** **PSB = 1：並列模式**
6	E(SCLK)	E = 0：LCD 除能 E = 1：LCD 致能	16	NC	
7	D0	資料線 0 (4 線控制使用)	17	RST	**重置**
8	D1	資料線 1 (4 線控制使用)	18	VEE/NC	
9	D2	資料線 2 (4 線控制使用)	19	BLA	**背光-5V 輸入**
10	**D3**	**資料線 3 (4 線控制使用)**	20	BLK	**背光-0V 輸入(接地)**

如上腳位說明中的紅色字體部份是在串列模式下所會用到的腳位，其說明如下：

表 9 LCD 1602/LCD 16824 驅動腳位圖

編號	符號	腳位說明

4	RS(CS)	CS = 0：LCD 除能
		CS = 1：LCD 致能
5	R/W(SID)	資料命令傳送接收
6	E(SCLK)	CLOCK

紅外線

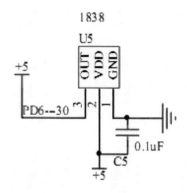

圖 76 紅外線接線圖

Doctor duino 板上有預留一組紅外線接收器腳位,此接收器連接到 30 腳的位置,使用者可以利用他來接收紅外線的訊號源,一般紅外線所發射的頻率為 36K~40KHz 的載波,在這個頻率範圍內的訊號源,在我們生活中是很少會出現雜訊干擾現象,這種穩定性極佳的無線訊號,對於想學無線通訊的初始者是一個很不錯的學習例子,我們主要利用一隻遙控器來傳送訊號給 Doctor duino 開發板上的紅外線接收頭,此時 Doctor duino 會去判別是否為正確的訊號,若正確的話,則產生相關的動作。

藍芽無線模組

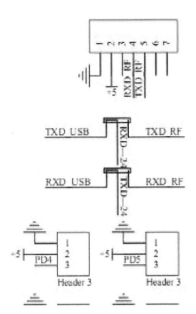

圖 77 藍芽無線模組接線圖

　　若要使用藍芽無線模組的腳位時，需注意到 J4 與 J6 腳位的設定，在出廠時，我們會將 J4 腳位用跳帽來短路，表 PC 與 ATmega644p 可通訊，若是把跳帽改來 J6 短路，則表藍芽無線模組與 ATmega644p 可通訊，會何要使用跳帽的方式來做呢？主要是因為，若我們不把 J4 改跳 J6 的話，會導致說 ATmega644p 的 UART 腳位，所傳送出去或者接收進來的訊號，會有衰減的現象，這樣子會導致，我們的 ATmega644p 無法判別此訊號源，所以才會做這個跳帽切換的功能。

NRF24L01

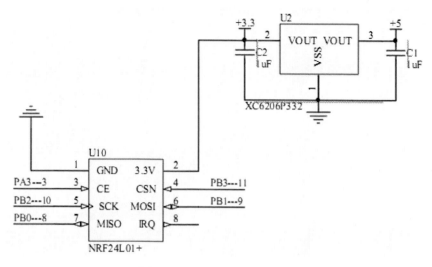

圖 78 NRF24L01 接線圖

NRF24L01 會這麼的受歡迎不是因為他是 2.4Ghz 的關係，而是因為他具有類似 Zigbee 的功能，也就是說，他可利用一組接收器來接收多組發射源(最多六組)，開發板上的左上角有預留 NRF24L01 的腳座，在做 NRF24L01 的練習時，需要使用兩塊板子來做實驗才行，一塊當接收，一塊當發射，若是成功後，我們可以在多加一塊發射來試試看，最多可加到六塊，開發板上使用了一顆 5V 轉 3.3V 的穩壓 IC XC6206P332 來提供電源給 NRF24L01 使用。

章節小結

本章節概略的介紹 Arduino 常見的開發板與硬體介紹，接下來就是介紹 Arduino 開發環境，讓我們視目以待。

CHAPTER

Arduino 開發環境

Arduino 開發 IDE 安裝

Step1. 進入到 Arduino 官方網站的下載頁面

(http://arduino.cc/en/Main/Software)

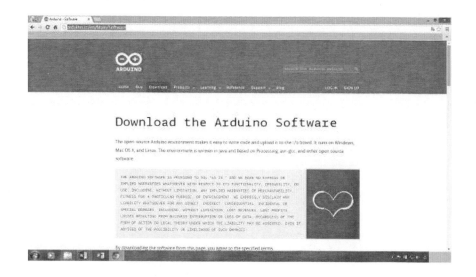

    Step2. Arduino 的開發環境，有 Windows、Mac OS X、Linux 版本。本範例以 Windows 版本作為範例，請頁面下方點選「Windows Installer」下載 Windows 版本的開發環境。

Arduino IDE

Arduino 1.0.5

Download

Arduino 1.0.5 (release notes), hosted by Google Code:

NOTICE: Arduino Drivers have been updated to add support for Windows
8.1, you can download the updated IDE (version 1.0.5-r2 for Windows) from
the download links below.

- Windows Installer, Windows ZIP file (for non-administrator install)
- Mac OS X
- Linux: 32 bit, 64 bit
- source

Next steps

Getting Started

Reference

Environment

Examples

Foundations

FAQ

Step3. 下載完的檔名為「arduino-1.0.5-r2-windows.exe」,將檔案點擊兩下執行,
出現如下畫面:

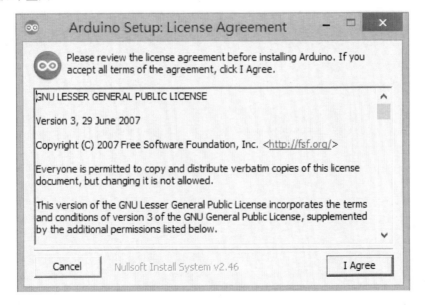

Step4. 點選「I Agree」後出現如下畫面:

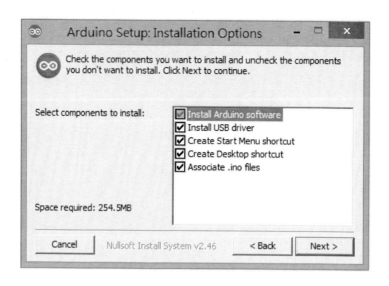

Step5. 點選「Next>」後出現如下畫面：

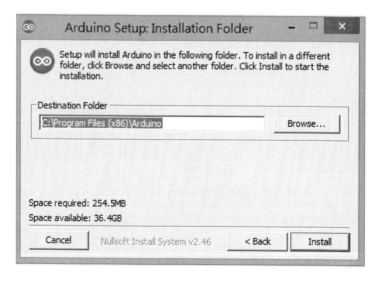

Step6. 選擇檔案儲存位置後，點選「Install」進行安裝，出現如下畫面：

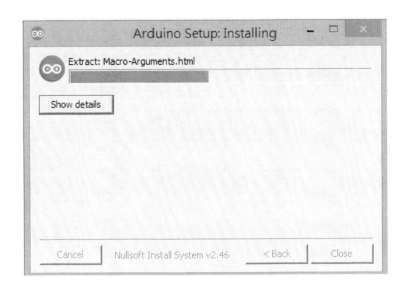

Step7. 安裝到一半時，會出現詢問是否要安裝 Arduino USB Driver(Arduino LLC) 的畫面，請點選「安裝(I)」。

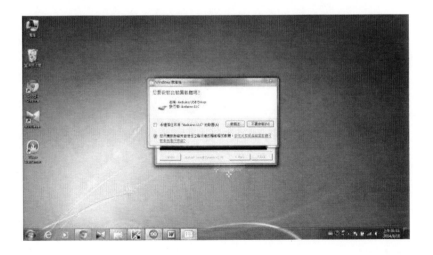

Step8. 安裝系統就會安裝 Arduino USB 驅動程式。

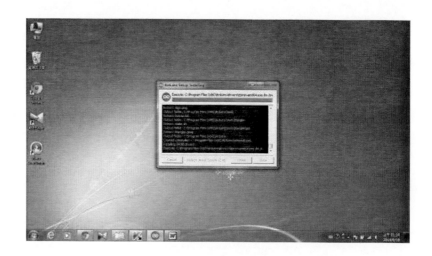

Step9. 安裝完成後，出現如下畫面，點選「Close」。

Step10. 桌布上會出現 ![Arduino] 的圖示，您可以點選該圖示執行 Arduino Sketch 城式。

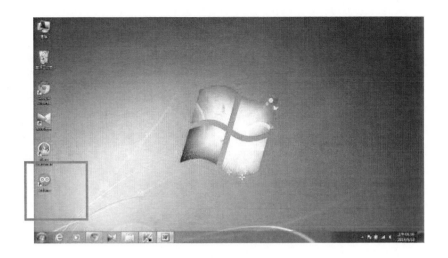

Step11. 您會進入到 Arduino 的軟體開發環境的介面。

以下介紹工具列下方各按鈕的功能：

	Verify 按鈕	進行編譯，驗證程式是否正常運作。
	Upload 按鈕	進行上傳，從電腦把程式上傳到 Arduino 板子裡。
	New 按鈕	新增檔案
	Open 按鈕	開啟檔案，可開啟內建的程式檔或其他檔案。
	Save 按鈕	儲存檔案

Step12. 首先，您可以切換 Arduino Sketch 介面語言。

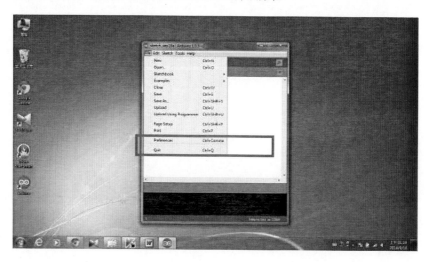

Step13. 出現 Preference 選項畫面。

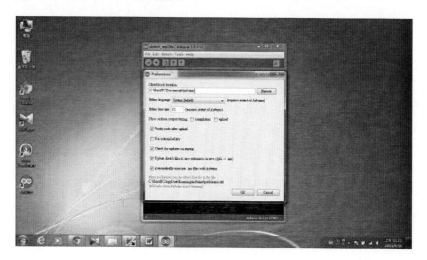

Step14. 可切換到您想要的介面語言(如繁體中文)。

Step15. 切換繁體中文介面語言，按下「OK」。

Step16. 按下「結束鍵」，結束 Arduino Sketch 程式，並重新開啟 Arduino Sketch 程式。

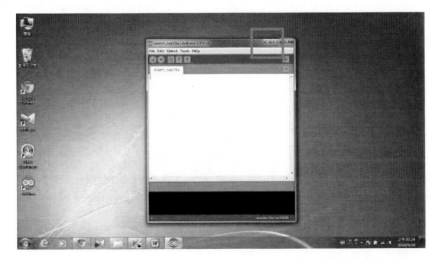

Step17. 可以發現 Arduino Sketch 程式介面語言已經變成繁體中文介面了。

Step18. 點選工具列「草稿碼」中的「匯入程式庫」，並點選「Add Library」選項。

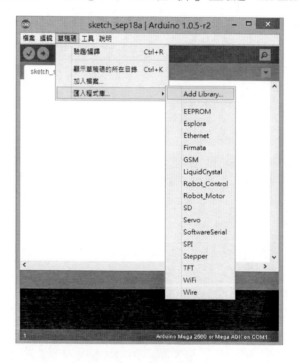

安裝 Arduino 開發板的 USB 驅動程式

以 Mega2560 作為範例

Step1. 將 Mega2560 開發板透過 USB 連接線接上電腦。

Step2. 到剛剛解壓縮完後開啟的資料夾中,點選「drivers」資料夾並進入。

名稱	修改日期	類型	大小
drivers	2014/1/8 下午 08...	檔案資料夾	
examples	2014/1/8 下午 08...	檔案資料夾	
hardware	2014/1/8 下午 08...	檔案資料夾	
java	2014/1/8 下午 08...	檔案資料夾	
lib	2014/1/8 下午 08...	檔案資料夾	
libraries	2014/1/8 下午 08...	檔案資料夾	
reference	2014/1/8 下午 08...	檔案資料夾	
tools	2014/1/8 下午 08...	檔案資料夾	
arduino	2014/1/8 下午 08...	應用程式	840 KB
cygiconv-2.dll	2014/1/8 下午 08...	應用程式擴充	947 KB
cygwin1.dll	2014/1/8 下午 08...	應用程式擴充	1,829 KB
libusb0.dll	2014/1/8 下午 08...	應用程式擴充	43 KB
revisions	2014/1/8 下午 08...	文字文件	38 KB
rxtxSerial.dll	2014/1/8 下午 08...	應用程式擴充	76 KB

Step3. 依照不同位元的作業系統,進行開發板的 USB 驅動程式的安裝。32 位元的作業系統使用 dpinst-x86.exe, 64 位元的作業系統使用 dpinst-amd64.exe。

名稱	修改日期	類型	大小
FTDI USB Drivers	2014/1/8 下午 08...	檔案資料夾	
arduino	2014/1/8 下午 08...	安全性目錄	10 KB
arduino	2014/1/8 下午 08...	安裝資訊	7 KB
dpinst-amd64	2014/1/8 下午 08...	應用程式	1,024 KB
dpinst-x86	2014/1/8 下午 08...	應用程式	901 KB
Old Arduino Drivers	2014/1/8 下午 08...	WinRAR ZIP 壓縮檔	14 KB
README	2014/1/8 下午 08...	文字文件	1 KB

Step4. 以 64 位元的作業系統作為範例，點選 dpinst-amd64.exe，會出現如下畫面：

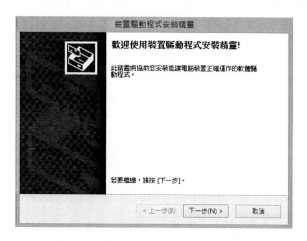

Step5. 點選「下一步」，程式會進行安裝。完成後出現如下畫面，並點選「完成」。

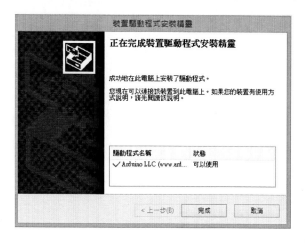

Step6. 您可至 Arduino 開發環境中工具列「工具」中的「序列埠」看到多出一個 COM，即完成開發板的 USB 驅動程式的設定。

或可至電腦的裝置管理員中，看到連接埠中出現 Arduino Mega 2560 的 COM3，即完成開發板的 USB 驅動程式的設定。

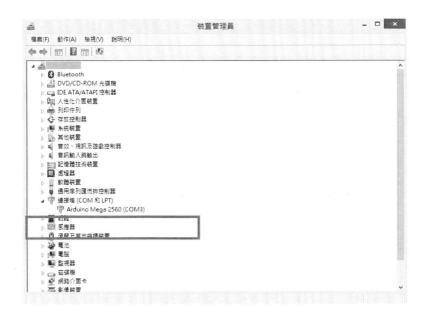

Step7. 到工具列「工具」中的「板子」設定您所用的開發板。

※您可連接多塊 Arduino 開發板至電腦，但工具列中「板子」中的 Board 需與「序列埠」對應。

修改 IDE 開發環境個人喜好設定：(存檔路徑、語言、字型)

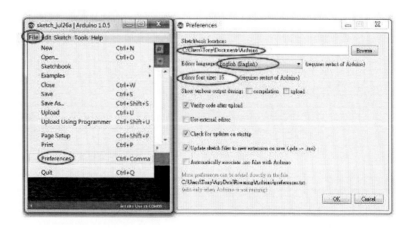

圖 79 IDE 開發環境個人喜好設定

Arduino 函式庫安裝

本書使用的 Arduino 函式庫安裝文件，乃是 adafruit 公司官網資料，請參考網址：https://learn.adafruit.com/downloads/pdf/adafruit-all-about-arduino-libraries-install-use.pdf 。

Doctor duino 開發環境安裝教學

本節主要介紹柏毅電子推出的 Doctor duino 開發板之 Arduino 的軟體開發環境，我們可到 Arduino 官方網站的下載頁面即可下載，可在 Windows、Mac OS X、Linux 上運行。

作者所使用的電腦為 XP，所以下載了，Windows 版、1.0.1 版（arduino-1.0.1-windows.zip），並將此 Arduino 的軟體開發環境，zip 解壓縮後即可使用了，無需要安裝。

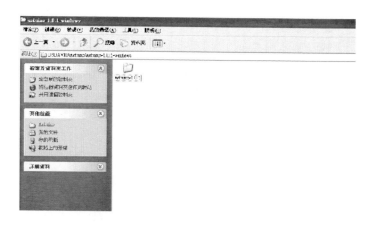

請將 "0.安裝說明" 底下的 Drduino 開發包資料夾放至到 arduino-1.0.1-windows\arduino-1.0.1\hardware 的目錄下

請將"0.安裝說明"底下的 PL2303

DRIVER/PL2303_Prolific_DriverInstaller_v1_8_0.zip 解壓縮並執行安裝

PL2303_Prolific_DriverInstaller_v1.8.0.exe(USB 的驅動程式)

然後，需要一條 USB 連接線，一頭是 A 型插頭（右），一頭是 B 型插頭（左）。

再來連接板子與電腦後，Windows 會跳出新增硬體精靈視窗。因為我們將要自行指定驅動程式，所以選「不，現在不要」。

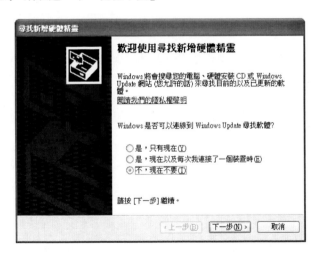

然後選「自動安裝軟體(建議選項)」。

接下來,要找出 Doctor duino 板子被接到哪一個序列埠上。雖然用的是 USB 連接線,但其實是把 USB 模擬成序列埠。(以前 Arduino 板子使用序列傳輸埠,就是在很久很久以前,通常用來連接滑鼠的那種 9pin RS-232 連接埠,因為新電腦都沒有序列埠了,所以現在改成 USB 連接埠。)

到「控制台」的「系統」

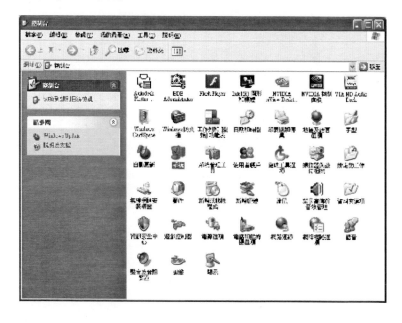

選「硬體」，選「裝置管理員」

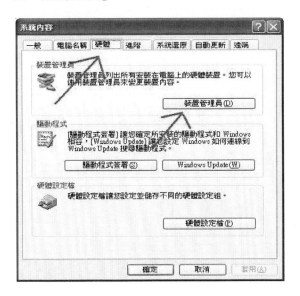

當有連接 Doctor duino 開發板時，在「連接埠(COM 和 LPT)」下就會出現。我的是 COM3(每個使用者的 COMx 不一定會一樣，要看使用者所看到的 COMx 是多少來決定用哪個 COMx)

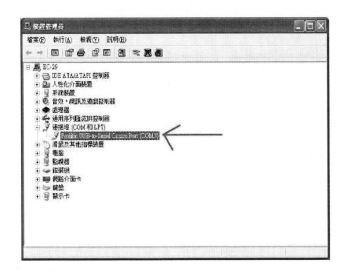

找出連接埠的埠號後，就可以寫程式測試看看了。執行解壓縮目錄下的

arduino.exe。

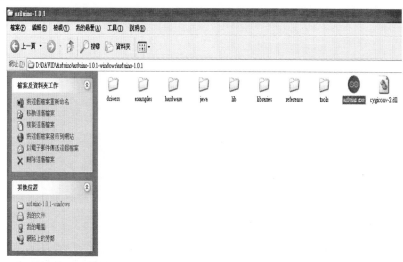

按下後會出現如下觀迎畫面

首先到「Tools」-「Board」設定你用的是哪塊板子。

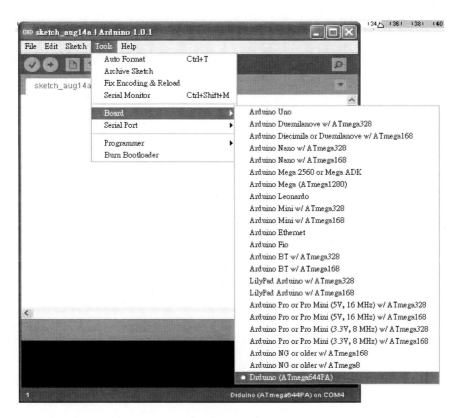

然後到「Tools」-「Serial Port」設定剛剛查出來的埠號。

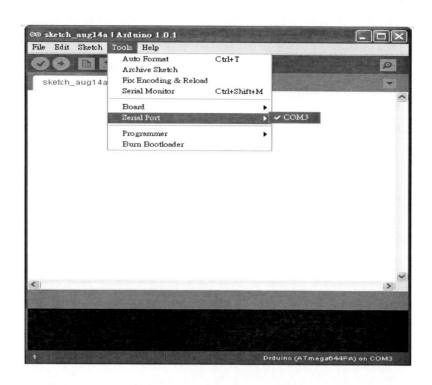

然後選「File」-「Open」，打開" Drduino 範例\2.LED 閃爍\EX2\EX2.ino"

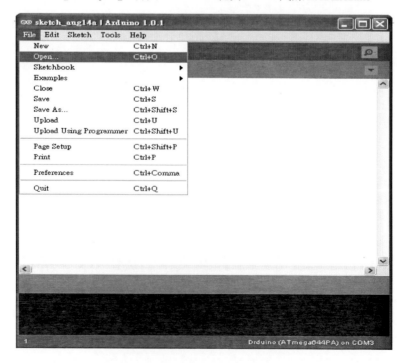

按下左上角的 Verify 按鈕，進行編譯，驗證看看程式有沒有問題。

沒問題後，按下 Upload 按鈕，進行上傳，所謂 Upload 上傳，是指從電腦把程式上傳到 Doctor duino 開發板裡。

在傳輸的過程中，軟體開發環境的左下方狀態列會出現「Uploading…」，而且板子上有兩個標示著 24(RX)、25(TX)的 LED 會不停閃爍，表示正在傳輸中。

若傳輸成功，軟體開發環境的左下方狀態列會出現「Done Uploading.」

傳輸成功後，你就可以看到開發板上 31 的 LED 燈在閃爍，亮一秒、滅一秒、亮一秒、滅一秒、不斷地交換。

如何燒錄 Bootloader

本節『如何燒錄 Bootloader』內容，乃是參考『柏毅電子』(http://class.ruten.com.tw/user/index00.php?s=boyi101) 、『燦鴻電子』(http://class.ruten.com.tw/user/index00.php?s=boyi102) 洪總經理 柏旗先生公司文件改寫而成，特此感謝 『洪總經理 柏旗先生』熱心與無私的分享。

讀者可以到 Arduino 官網(http://arduino.cc/en/Main/Software)，下載最新的 Arduino IDE 版本，點選如下圖中的紅色框即可(Arduino 1.0.6)。

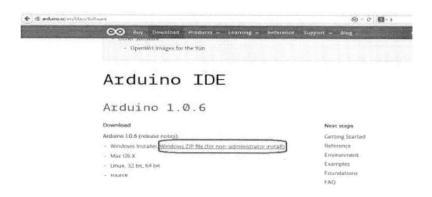

圖 80 下載 Arduino 官網 Arduino IDE 版本

之後把下載的 arduino-1.0.6-windows.zip 解壓縮。

圖 81 解壓縮 arduino-1.0.6-windows.zip

打開 arduino.exe，即可執行 arduino IDE 了，不用在另外安裝。

名稱	修改日期	類型	大小
drivers	2014/9/18 下午 0...	檔案資料夾	
examples	2014/9/18 下午 0...	檔案資料夾	
hardware	2014/9/18 下午 0...	檔案資料夾	
java	2014/9/18 下午 0...	檔案資料夾	
lib	2014/9/18 下午 0...	檔案資料夾	
libraries	2014/9/18 下午 0...	檔案資料夾	
reference	2014/9/18 下午 0...	檔案資料夾	
tools	2014/9/18 下午 0...	檔案資料夾	
arduino.exe	2014/9/18 下午 0...	應用程式	844 KB
arduino_debug.exe	2014/9/18 下午 0...	應用程式	383 KB
cygiconv-2.dll	2014/9/18 下午 0...	應用程式擴充	947 KB
cygwin1.dll	2014/9/18 下午 0...	應用程式擴充	1,829 KB
libusb0.dll	2014/9/18 下午 0...	應用程式擴充	43 KB
revisions.txt	2014/9/18 下午 0...	文字文件	39 KB
rxtxSerial.dll	2014/9/18 下午 0...	應用程式擴充	76 KB

圖 82 執行 Arduino IDE

在使用 Arduino IDE 之前，讀者需先購買 Arduino Uno R3 開發板，若是副廠的開發板，盡量使用不帶 logo 版本的，有些人會問說，原廠和副廠是不是有差，原廠的會比較好用一些，筆者用起來是覺得，都一樣沒什麼特別之處，主要都是採用如下紅色框內這顆單晶片，他的型號是" ATMEGA328P-PU"，此顆加裝在 UNO 開發板上的單晶片與一般剛出廠的 ATMEGA328P-PU 單晶片差別是在於 UNO 開發板上的 ATMEGA328P-PU 已燒錄了 Bootloader，也就是開機管理程式在內，所以不是空白的 IC 喔！

圖 83 Arduino Uno R3 開發板

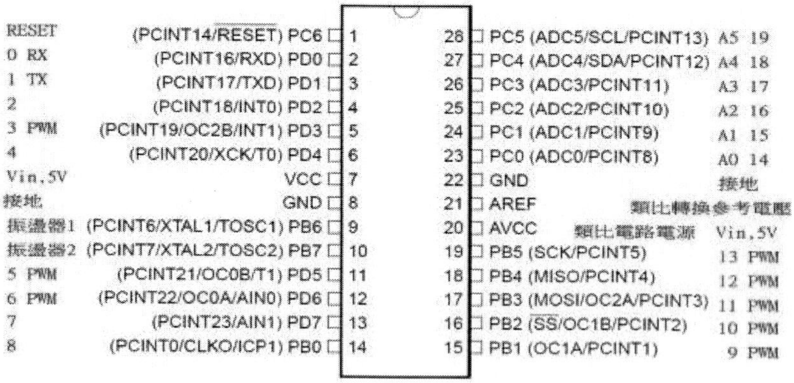

```
RESET        (PCINT14/RESET) PC6 [ 1    28 ] PC5 (ADC5/SCL/PCINT13)  A5  19
0 RX           (PCINT16/RXD) PD0 [ 2    27 ] PC4 (ADC4/SDA/PCINT12)  A4  18
1 TX           (PCINT17/TXD) PD1 [ 3    26 ] PC3 (ADC3/PCINT11)      A3  17
2              (PCINT18/INT0) PD2 [ 4   25 ] PC2 (ADC2/PCINT10)      A2  16
3 PWM     (PCINT19/OC2B/INT1) PD3 [ 5   24 ] PC1 (ADC1/PCINT9)       A1  15
4           (PCINT20/XCK/T0) PD4 [ 6    23 ] PC0 (ADC0/PCINT8)       A0  14
Vin,5V                        VCC [ 7   22 ] GND                         接地
接地                          GND [ 8   21 ] AREF               類比轉換參考電壓
振盪器1 (PCINT6/XTAL1/TOSC1) PB6 [ 9    20 ] AVCC          類比電路電源  Vin,5V
振盪器2 (PCINT7/XTAL2/TOSC2) PB7 [ 10   19 ] PB5 (SCK/PCINT5)        13  PWM
5 PWM       (PCINT21/OC0B/T1) PD5 [ 11  18 ] PB4 (MISO/PCINT4)       12  PWM
6 PWM    (PCINT22/OC0A/AIN0) PD6 [ 12   17 ] PB3 (MOSI/OC2A/PCINT3)  11  PWM
7             (PCINT23/AIN1) PD7 [ 13   16 ] PB2 (SS/OC1B/PCINT2)    10  PWM
8          (PCINT0/CLKO/ICP1) PB0 [ 14  15 ] PB1 (OC1A/PCINT1)        9  PWM
```

圖 84 ATmega328P-PU 腳位簡介圖

ATmega328P-PU 腳位簡介：

1、RESET 的用途。

2、一般 I/O 腳位的定義，如：何謂三態(Tri-State Device)等

3、各中斷的功能，如計時器 Timer、計數器 Counter。

4、INT0、INT1 與 PCINTx(Pin Change Interrupt)之差別。

5、ADC：電壓轉換與 AREF 的腳位用途。

6、PWM：頻率與週期的關係。

7、UART 通訊：RXD、TXD 的用途與對此協定的瞭解

8、SPI 通訊：SCK、MISO、MOSI、SS 的用途與對此協定的瞭解

9、I2C 通訊：SCL、SDA 的用途與對此協定的瞭解

瞭解如何使用 Arduino Uno R3 開發板(參考圖 83)，將 Arduino 的 Bootloader 燒錄至空白的 ATMEGA328P-PU 內。

準備材料：

1、Arduino Uno R3 開發板 ＊1

2、麵包板 ＊1

3、電容 22p ＊2

4、石英振盪器 16MHz ＊1

5、電阻 10K ＊1

6、ATmega328P-PU ＊1

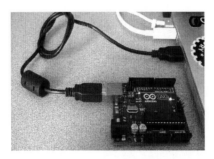

圖 85 將 Arduino Uno R3 開發板連接到開發電腦

首先，把 Arduino Uno R3 開發板透過 USB 接至電腦端，此時系統會要求你安裝
UNO 開發板的驅動程式，讀者可在我們剛解壓縮的目錄下找到 arduino-1.0.6-
windows\arduino-1.0.6\drivers，此時將他安裝完成。

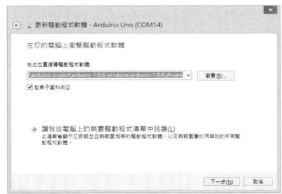

圖 86 更新 Arduino Uno R3 開發板驅動程式

當安裝完成之後，可在裝置管理員底下找到 Arduino Uno 的串列埠(COM14)(讀者請留意，每一個人或電腦或不同的 Arduino 開發板，其串列埠號碼都會不一樣)。

圖 87 檢視裝置管理員 Arduino Uno R3 開發板的通訊埠狀況

如下為一 Arduino IDE 軟體與 Uno 開發板的簡易通訊關係圖，Uno 開發板內有安裝一顆 ATmega16U2 的單晶片 IC，其主要功能是產生一虛擬的串列埠(USB 轉 UART)，使 Arduino IDE 可下達燒錄命令給 ATmega328P-PU 的 Bootloader，然後在透過 Bootloader 來將編譯好的 sketch 程式(Arduino 程式碼)一一寫入到 ATmega328P-PU 的程式記憶體內(Program Memory)。

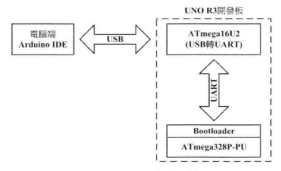

圖 88 Arduino Uno R3 開發板與電腦溝通一覽圖

　　若使用 Arduino IDE 版本綠色版本(免安裝版)，則只需啟始 arduino.exe，即可執行 Arduino IDE 了，不用在另外安裝 Arduino IDE 開發系統。

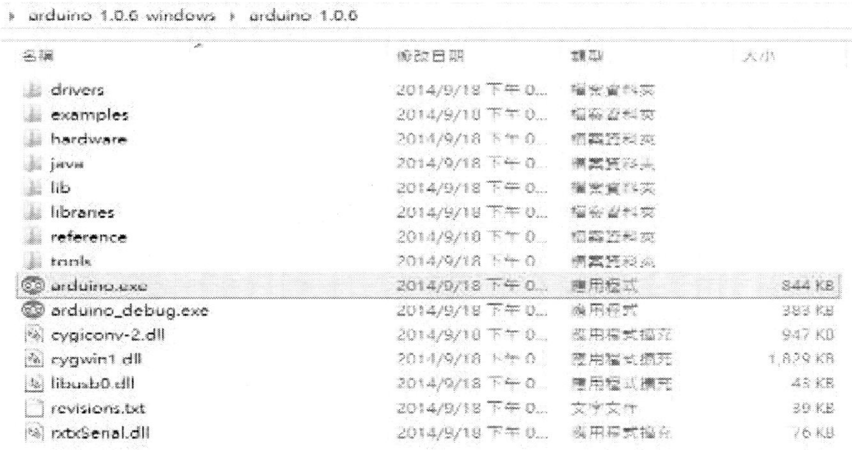

圖 89 執行 Arduino IDE

選擇 Tools→Board→Arduino Uno (我們所使用的板子名稱)

圖 90 選擇開發板型號

選擇 Tools→Serial Port→COM14 (板子所產生的虛擬 COM，以讀者自行產生的

COM 為準，不一定會是 COM14)

圖 91 設定通訊埠

打開之後，選擇 File→Examples→ArduinoISP (將 ISP 的功能燒錄到 Uno 開發板

內)

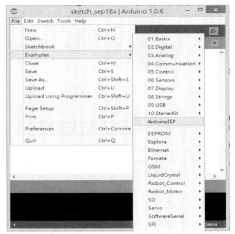

圖 92 開啟 Bootloader 範例程式

按下紅色框 Verify，進行 sketch 程式的編譯(Compiling)，編譯完成之後，會產生一 hex 檔，並顯示 Done compiling 的訊息。

說明：ISP 為 In-System Programming 的縮寫，稱作「線上燒錄功能」。使用者可以直接透過預設通訊介面（如：RS-232），來進行燒錄而不需要拔插單晶片（直接使用軟體下載即可）。

圖 93 編譯 Bootloader 範例程式

之後按下 Upload，即可將 Compiling 完成的 sketch 程式上傳更新 ATmega328P-PU 的內部記憶體，當更新完成則會顯示 Done uploading，此時 Uno 開發板就會有 ISP 燒錄的功能。

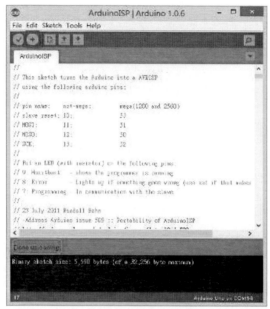
圖 94 上傳 Bootloader 程式

如下為筆者用 fritzing(Fritzing.org., 2013)繪圖軟體畫的，準備要透過 Uno 開發板對麵包板上的 ATMEGA328P-PU 燒錄 Arduino Bootloader 的基本電路接法，請讀者參考下列電路。

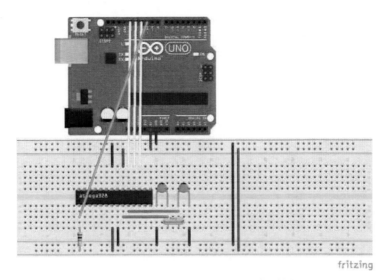

圖 95 燒錄 Arduino Bootloader 的基本電路範例圖

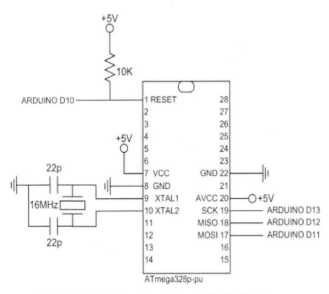

圖 96 燒錄 Arduino Bootloader 的基本電路圖

在這邊讀者一定會覺得很奇怪，為何要燒錄 Bootloader 到 ATmega328P-PU 內，

主要是把一些 ATmega328P-PU 的初始化設定檔燒錄到 Bootloader 內，例如：外部

ATmega328P-PU 要用什麼的振盪器，還有重置(Reset)的狀態與記憶體的規劃設定之

類等等的，還有讓 ATmega328P-PU 具有自燒程式的功能，有了這個功能，我們就可以省去買燒錄器的錢，目前外面有很多單晶片的製造商都有推出這類的功能，算是滿普遍的。

接好電路後，在打開 Arduino IDE，選擇 Tools→Programmer→Arduino as ISP

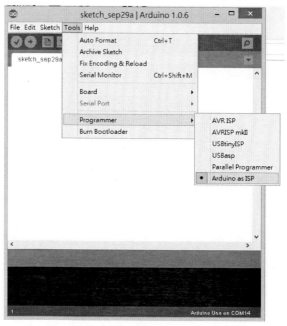

圖 97 設定燒錄方式

在選擇 Tools→Burn Bootloader，開始燒錄 Bootloader 程式到我們麵包板的 AT-mega328P-PU 內，在燒錄的過程需等待一段時間才會燒錄完成。

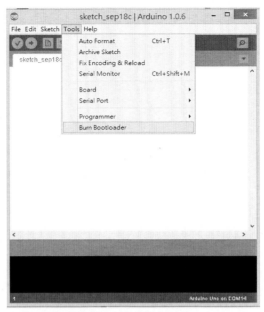

圖 98 燒錄 Arduino Bootloader

當燒錄完成後，會出現 Done burning bootloader 畫面，這時我們麵包板上的 AT-mega328P-PU 就有 Bootloader 的程式在內了。

圖 99 完成燒錄 Arduino Bootloader

透過 UNO 開發板對 ATmega328P-PU 燒錄 sketch 程式。

上課時，我們會常用到如下的基本型電路，首先我們需要先把 Uno 開發板上的 ATmega328P-PU 單晶片拔除，然後把電路接成如下：

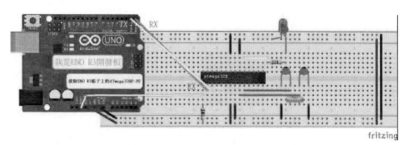

圖 100 燒錄外部 ATmega328P-PU 單晶片程式電路範例圖

PS.讀者要特別注意 TX、RX 的位置喔，不然會沒辦法 Upload 喔！

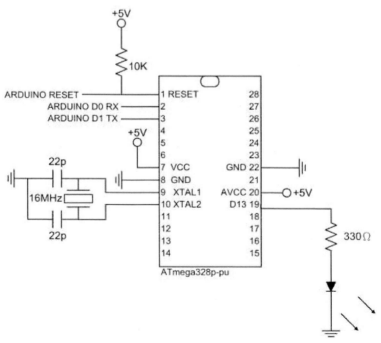

圖 101 燒錄外部 ATmega328P-PU 單晶片程式電路圖

此處使用不含 ATmega328P-PU 單晶片的 Uno 開發板來把 arduino 的 sketch 程式 upload 到右手邊的 ATmega328P-PU 單晶片的記憶體內，而右手邊的 ATmega328P-PU 必須先燒錄 Bootloader 才能使用喔，如下是他的簡易通訊圖。

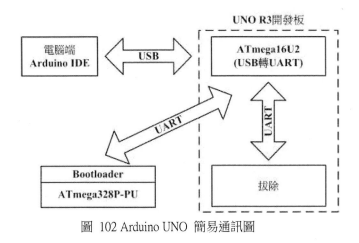

圖 102 Arduino UNO 簡易通訊圖

完成之後，請執行 arduino.exe

圖 103　執行 Arduino IDE

在 Arduino IDE 下有許多的 Examples 範例檔，提供給各位學習參考用，在此處我們只用到最基本的 Blink 範例，請打開它。

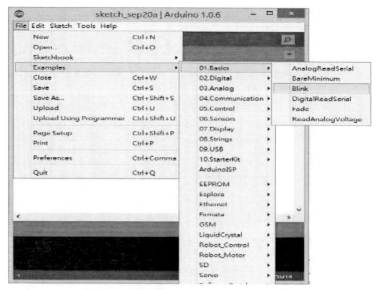

圖 104 開啟 Blink 範例程式

一樣按下 Verify 進行編譯 sketch 程式碼動作。

圖 105 編譯 Blink 範例程式

按下 Upload 更新 ATmega328P-PU 的內部記憶體內容，更新完之後，Blink LED 就會開始閃爍。

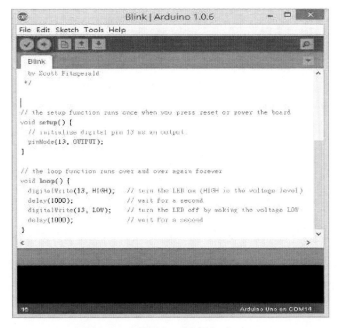

圖 106 上傳 Blink 範例程式

章節小結

本章節概略的介紹 Arduino 開發環境，主要是讓讀者了解 Arduino 如何操作與撰寫程式。

3

CHAPTER

Arduino 程式語法

官方網站函式網頁

　　讀者若對本章節程式結構不了解之處，請參閱如圖 107 所示之 Arduino 官方網站的 Language Reference (http://arduino.cc/en/Reference/HomePage)，或參閱相關書籍 (Anderson & Cervo, 2013; Boxall, 2013; Faludi, 2010; Margolis, 2011, 2012; McRoberts, 2010; Minns, 2013; Monk, 2010, 2012; Oxer & Blemings, 2009; Warren, Adams, & Molle, 2011; Wilcher, 2012)，相信會對 Arduino 程式碼更加了解與熟悉。

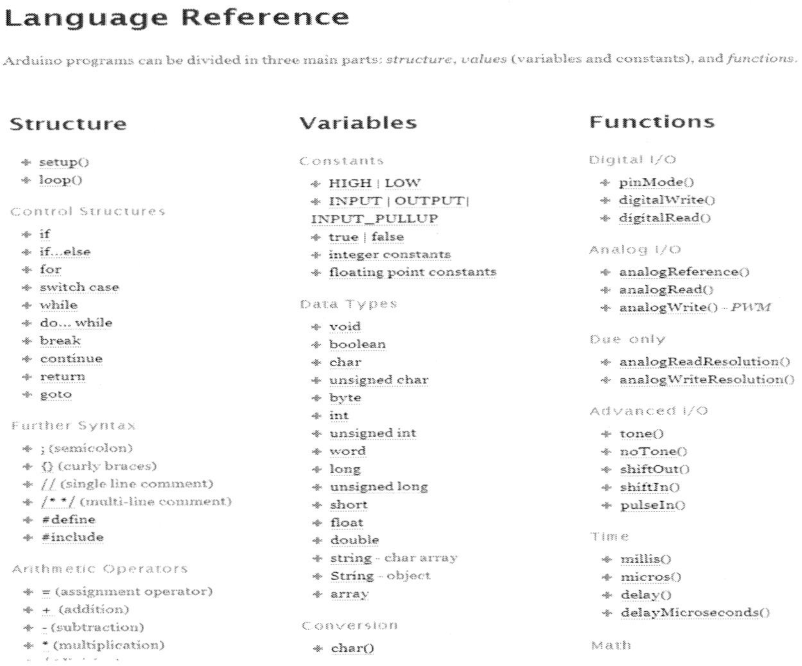

Language Reference

Arduino programs can be divided in three main parts: *structure*, *values* (variables and constants), and *functions*.

Structure

- setup()
- loop()

Control Structures
- if
- if...else
- for
- switch case
- while
- do... while
- break
- continue
- return
- goto

Further Syntax
- ; (semicolon)
- {} (curly braces)
- // (single line comment)
- /* */ (multi-line comment)
- #define
- #include

Arithmetic Operators
- = (assignment operator)
- + (addition)
- - (subtraction)
- * (multiplication)

Variables

Constants
- HIGH | LOW
- INPUT | OUTPUT | INPUT_PULLUP
- true | false
- integer constants
- floating point constants

Data Types
- void
- boolean
- char
- unsigned char
- byte
- int
- unsigned int
- word
- long
- unsigned long
- short
- float
- double
- string - char array
- String - object
- array

Conversion
- char()

Functions

Digital I/O
- pinMode()
- digitalWrite()
- digitalRead()

Analog I/O
- analogReference()
- analogRead()
- analogWrite() - *PWM*

Due only
- analogReadResolution()
- analogWriteResolution()

Advanced I/O
- tone()
- noTone()
- shiftOut()
- shiftIn()
- pulseIn()

Time
- millis()
- micros()
- delay()
- delayMicroseconds()

Math

圖 107 Arduino 官方網站的 Language Reference

資料來源：Language Reference (http://arduino.cc/en/Reference/HomePage)

Arduino 程式主要架構

程式結構

> setup()
> loop()

一個 Arduino 程式碼(Sketch)由兩部分組成

setup()

程式初始化

void setup()

在這個函式範圍內放置初始化 Arduino 開發板的程式 - 在重複執行的程式
(loop())之前執行，主要功能是將所有 Arduino 開發板的 pin 腳設定，元件設定，需要
初始化的部分設定等等。

變數型態宣告區 ; // 這裡定義變數或 IO 腳位名稱

void setup()

{

　　　　僅在 Power On 或 Reset 後執行一次，setup( )函數內放置
初始化 Arduino 控制板的程式，即主程式開始執行前需事先設
定好的變數 or 腳位定義等例如 : pinMode(ledPin,OUTPUT);

}

loop()

迴圈重複執行

void loop()

在此放置你的 Arduino 程式碼。這部份的程式會一直重複的被執行，直到
Arduino 開發板被關閉。

void loop()

{

在 setup()函數之後，即初始化之後，系統則在 loop()程式迴圈內重複
執行。直到 Arduino 控制板被關閉。

}

;   <u>每行程式敘述(statement)後需以分號("；")結束</u>

{ }(大括號)   函數前後需用大括號括起來，也可用此將程式碼分成較易讀的
區塊

區塊式結構化程式語言

　　C 語言是區塊式結構的程式語言， 所謂的區塊是一對大括號：『{ }』所界定的
範圍， 每一對大括號及其涵括的所有敘述構成 C 語法中所謂的複合敘述 (Compound Statement)， 這樣子的複合敘述不但對於編譯器而言，構成一個有意義的文法
單位， 對於程式設計者而言，一個區塊也應該要代表一個完整的程式邏輯單元， 內
含的敘述應該具有相當的資料耦合性 (一個敘述處理過的資料會被後面的敘述拿來
使用)， 及控制耦合性 (CPU 處理完一個敘述後會接續處理另一個敘述指定的動作)，
當看到程式中一個區塊時， 應該要可以假設其內所包含的敘述都是屬於某些相關
功能的， 當然其內部所使用的資料應該都是完成該種功能所必需的， 這些資料應
該是專屬於這個區塊內的敘述， 是這個區塊之外的敘述不需要的。

命名空間 (naming space)

　　C 語言中區塊定義了一塊所謂的命名空間 (naming space)， 在每一個命名空
間內，程式設計者可以對其內定義的變數任意取名字， 稱為區域變數 (local variable)， 這些變數只有在該命名空間 (區塊) 內部可以進行存取， 到了該區塊之外
程式就不能在藉由該名稱來存取了， 如下例中 int 型態的變數 z。 由於區塊是
階層式的， 大區塊可以內含小區塊， 大區塊內的變數也可以在內含區塊內使
用， 例如：

```
{
    int x, r;
    x=10;
    r=20;
    {
        int y, z;
        float r;
        y = x;
        x = 1;
```

```
        r = 10.5;
    }
    z = x; // 錯誤，不可使用變數 z
}
```

上面這個例子裡有兩個區塊，也就有兩個命名空間，有任一個命名空間中不可有兩個變數使用相同的名字，不同的命名空間則可以取相同的名字，例如變數 r，因此針對某一個變數來說，可以使用到這個變數的程式範圍就稱為這個變數的作用範圍 (scope)。

變數的生命期 (Lifetime)

變數的生命始於定義之敘述而一直延續到定義該變數之區塊結束為止，變數的作用範圍：意指程式在何處可以存取該變數，有時變數是存在的，但是程式卻無法藉由其名稱來存取它，例如，上例中內層區塊內無法存取外層區塊所定義的變數 r，因為在內層區塊中 r 這個名稱賦予另一個 float 型態的變數了。

縮小變數的作用範圍

利用 C 語言的區塊命名空間的設計，程式設計者可以儘量把變數的作用範圍縮小，如下例：

```
{
int tmp;
    for (tmp=0; tmp<1000; tmp++)
        doSomeThing();
}
{
    float tmp;
    tmp = y;
    y = x;
    x = y;
}
```

上面這個範例中前後兩個區塊中的 tmp 很明顯地沒有任何關係， 看這個程式的人不必擔心程式中有藉 tmp 變數傳遞資訊的任何意圖。

特殊符號

; (semicolon)
{} (curly braces)
// (single line comment)
/* */ (multi-line comment)

Arduino 語言用了一些符號描繪程式碼，例如註解和程式區塊。

; //(分號)

Arduino 語言每一行程序都是以分號為結尾。這樣的語法讓你可以自由地安排代碼，你可以將兩個指令放置在同一行，只要中間用分號隔開（但這樣做可能降低程式的可讀性）。

範例：

```
delay(100);
```

{}(大括號)

大括號用來將程式代碼分成一個又一個的區塊，如以下範例所示，在 loop()函式的前、後，必須用大括號括起來。

範例：

```
void loop(){
    Serial.pritln("Hello !! Welcome to Arduino world");
}
```

註解

程式的註解就是對代碼的解釋和說明，編寫註解有助於程式設計師(或其他人)了解代碼的功能。

Arduino 處理器在對程式碼進行編譯時會忽略註解的部份。

Arduino 語言中的編寫註解有兩種方式

```
//單行註解：這整行的文字會被處理器忽略
/*多行註解：
    在這個範圍內你可以
    寫 一篇 小說
  */
```

變數

程式中的變數與數學使用的變數相似，都是用某些符號或單字代替某些數值，從而得以方便計算過程。程式語言中的變數屬於識別字 (identifier) ， C 語言對於識別字有一定的命名規則，例如只能用英文大小寫字母、數字以及底線符號

其中，數字不能用作識別字的開頭，單一識別字裡不允許有空格，而如 int 、char 為 C 語言的關鍵字 (keyword) 之一，屬於程式語言的語法保留字，因此也不能用為自行定義的名稱。通常編譯器至少能讀取名稱的前 31 個字元，但外部名稱可能只能保證前六個字元有效。

變數使用前要先進行宣告 (declaration) ，宣告的主要目的是告訴編譯器這個變數屬於哪一種資料型態，好讓編譯器預先替該變數保留足夠的記憶體空間。宣告的方式很簡單，就是型態名稱後面接空格，然後是變數的識別名稱

常數

- ➤ HIGH | LOW
- ➤ INPUT | OUTPUT
- ➤ true | false
- ➤ Integer Constants

資料型態

- ➤ boolean
- ➤ char
- ➤ byte
- ➤ int
- ➤ unsigned int
- ➤ long
- ➤ unsigned long
- ➤ float
- ➤ double
- ➤ string
- ➤ array
- ➤ void

常數

在 Arduino 語言中事先定義了一些具特殊用途的保留字。HIGH 和 LOW 用來表示你開啟或是關閉了一個 Arduino 的腳位(pin)。INPUT 和 OUTPUT 用來指示這個 Arduino 的腳位(pin)是屬於輸入或是輸出用途。true 和 false 用來指示一個條件或表示式為真或是假。

變數

變數用來指定 Arduino 記憶體中的一個位置，變數可以用來儲存資料，程式人員可以透過程式碼去不限次數的操作變數的值。

因為 Arduino 是一個非常簡易的微處理器，但你要宣告一個變數時必須先定義他的資料型態，好讓微處理器知道準備多大的空間以儲存這個變數值。

Arduino 語言支援的資料型態:

布林 boolean

布林變數的值只能為真(true)或是假(false)

字元 char

單一字元例如 A,和一般的電腦做法一樣 Arduino 將字元儲存成一個數字,即使你看到的明明就是一個文字。

用數字表示一個字元時,它的值有效範圍為 -128 到 127。

PS:目前有兩種主流的電腦編碼系統 ASCII 和 UNICODE。

- ASCII 表示了 127 個字元, 用來在序列終端機和分時計算機之間傳輸文字。

- UNICODE 可表示的字量比較多,在現代電腦作業系統內它可以用來表示多國語言。

在位元數需求較少的資訊傳輸時,例如義大利文或英文這類由拉丁文,阿拉伯數字和一般常見符號構成的語言,ASCII 仍是目前主要用來交換資訊的編碼法。

位元組 byte

儲存的數值範圍為 0 到 255。如同字元一樣位元組型態的變數只需要用一個位元組(8 位元)的記憶體空間儲存。

整數 int

整數資料型態用到 2 位元組的記憶體空間,可表示的整數範圍為 - 32,768 到 32,767; 整數變數是 Arduino 內最常用到的資料型態。

整數 unsigned int

無號整數同樣利用 2 位元組的記憶體空間，無號意謂著它不能儲存負的數值，因此無號整數可表示的整數範圍為 0 到 65,535。

長整數 long

長整數利用到的記憶體大小是整數的兩倍，因此它可表示的整數範圍從 –2,147,483,648 到 2,147,483,647。

長整數 unsigned long

無號長整數可表示的整數範圍為 0 到 4,294,967,295。

浮點數 float

浮點數就是用來表達有小數點的數值，每個浮點數會用掉四位元組的 RAM，注意晶片記憶體空間的限制，謹慎的使用浮點數。

雙精準度 浮點數 double

雙精度浮點數可表達最大值為 1.7976931348623157 x 10308。

字串 string

字串用來表達文字信息，它是由多個 ASCII 字元組成(你可以透過序串埠發送一個文字資訊或者將之顯示在液晶顯示器上)。字串中的每一個字元都用一個組元組空間儲存，並且在字串的最尾端加上一個空字元以提示 Ardunio 處理器字串的結束。下面兩種宣告方式是相同的。

```
char word1 = "Arduino world"; // 7 字元 + 1 空字元
char word2 = "Arduino is a good developed kit"; // 與上行相同
```

陣列 array

一串變數可以透過索引去直接取得。假如你想要儲存不同程度的 LED 亮度時，你可以宣告六個變數 light01，light02，light03，light04，light05，light06，但其實你有更好的選擇，例如宣告一個整數陣列變數如下：

```
int light = {0, 20, 40, 65, 80, 100};
```

"array" 這個字為沒有直接用在變數宣告，而是[]和{ }宣告陣列。

控制指令

string(字串)

範例

```
char Str1[15];
char Str2[8] = {'a', 'r', 'd', 'u', 'i', 'n', 'o'};
char Str3[8] = {'a', 'r', 'd', 'u', 'i', 'n', 'o', '\0'};
char Str4[ ] = "arduino";
char Str5[8] = "arduino";
char Str6[15] = "arduino";
```

解釋如下：

- 在 Str1 中 聲明一個沒有初始化的字元陣列

- 在 Str2 中 聲明一個字元陣列(包括一個附加字元)，編譯器會自動添加所需的空字元

- 在 Str3 中 明確加入空字元

- 在 Str4 中 用引號分隔初始化的字串常數，編譯器將調整陣列的大小，以適應字串常量和終止空字元

- 在 Str5 中 初始化一個包括明確的尺寸和字串常量的陣列

- 在 Str6 中 初始化陣列，預留額外的空間用於一個較大的字串

空終止字元

一般來說，字串的結尾有一個空終止字元（ASCII 代碼 0）， 以此讓功能函數（例如 Serial.prinf()）知道一個字串的結束， 否則，他們將從記憶體繼續讀取後續位元組，而這些並不屬於所需字串的一部分。

這表示你的字串比你想要的文字包含更多的個字元空間， 這就是為什麼 Str2 和 Str5 需要八個字元， 即使 "Arduino" 只有七個字元 - 最後一個位置會自動填充空字元， str4 將自動調整為八個字元，包括一個額外的 null， 在 Str3 的，我們自己已經明確地包含了空字元(寫入 '\0')。

使用符號：單引號?還是雙引號?

- 定義字串時使用雙引號(例如 "ABC")，

- 定義一個單獨的字元時使用單引號(例如'A')

範例

```
字串測試範例(stringtest01)
char* myStrings[]={
  "This is string 1", "This is string 2", "This is string 3",
  "This is string 4", "This is string 5","This is string 6"};

void setup(){
  Serial.begin(9600);
}

void loop(){
  for (int i = 0; i < 6; i++){
    Serial.println(myStrings[i]);
    delay(500);
  }
}
```

char* 在字元資料類型 char 後跟了一個星號'*'表示這是一個"指標"陣列，所有的陣列名稱實際上是指標，所以這需要一個陣列的陣列。

指標對於 C 語言初學者而言是非常深奧的部分之一，但是目前我們沒有必要瞭解詳細指標，就可以有效地應用它。

型態轉換

➢ char()
➢ byte()
➢ int()
➢ long()
➢ float()

char()

指令用法

將資料轉程字元形態：

語法：char(x)

參數

x: 想要轉換資料的變數或內容

回傳

字元形態資料

unsigned char()

一個無符號資料類型佔用 1 個位元組的記憶體:與 byte 的資料類型相同，無符號的 char 資料類型能編碼 0 到 255 的數位，為了保持 Arduino 的程式設計風格的一致性，byte 資料類型是首選。

指令用法

將資料轉程字元形態：

語法：unsigned char(x)

參數

x: 想要轉換資料的變數或內容

回傳

字元形態資料

```
unsigned char myChar = 240;
```

byte()

指令用法

將資料轉換位元資料形態：

語法：byte(x)

參數

x: 想要轉換資料的變數或內容

回傳

位元資料形態的資料

int(x)

指令用法

將資料轉換整數資料形態：

語法：int(x)

參數

x: 想要轉換資料的變數或內容

回傳

整數資料形態的資料

unsigned int(x)

unsigned int(無符號整數)與整型資料同樣大小，佔據 2 位元組: 它只能用於存儲正數而不能存儲負數，範圍 0~65,535 (2^16) - 1)。

指令用法

將資料轉換整數資料形態：

語法：unsigned int(x)

參數

x: 想要轉換資料的變數或內容

回傳

整數資料形態的資料

```
unsigned int ledPin = 13;
```

long()

指令用法

將資料轉換長整數資料形態：

語法：int(x)

參數

x: 想要轉換資料的變數或內容

回傳

長整數資料形態的資料

unsigned long()

無符號長整型變數擴充了變數容量以存儲更大的資料，它能存儲 32 位元(4 位元組)資料:與標準長整型不同無符號長整型無法存儲負數，其範圍從 0 到 4,294,967,295 (2^32-1) 。

指令用法

將資料轉換長整數資料形態：

語法：unsigned int(x)

參數

x: 想要轉換資料的變數或內容

回傳

長整數資料形態的資料

```
unsigned long time;

void setup()
{
      Serial.begin(9600);
}

void loop()
{
  Serial.print("Time: ");
  time = millis();
  //程式開始後一直列印時間
  Serial.println(time);
  //等待一秒鐘，以免發送大量的資料
  delay(1000);
}
```

float()

指令用法

將資料轉換浮點數資料形態：

語法：float(x)

參數

x: 想要轉換資料的變數或內容

回傳

浮點數資料形態的資料

邏輯控制

控制流程

if
if...else
for
switch case
while
do... while
break
continue
return

Ardunio 利用一些關鍵字控制程式碼的邏輯。

if … else

If 必須緊接著一個問題表示式(expression)，若這個表示式為真，緊連著表示式後的代碼就會被執行。若這個表示式為假，則執行緊接著 else 之後的代碼. 只使用 if 不搭配 else 是被允許的。

範例：

```
#define LED 12
void setup()
{
  int val =1;
  if (val == 1) {
  digitalWrite(LED,HIGH);
}
}
void loop()
{
}
```

for

用來明定一段區域代碼重覆指行的次數。

範例：

```
void setup()
{
  for (int i = 1; i < 9; i++) {
    Serial.print("2 * ");
    Serial.print(i);
    Serial.print(" = ");
    Serial.print(2*i);

  }
}
void loop()
{
}
```

switch case

if 敘述是程式裡的分叉選擇，switch case 是更多選項的分叉選擇。swith case 根據變數值讓程式有更多的選擇，比起一串冗長的 if 敘述，使用 swith case 可使程式代碼看起來比較簡潔。

範例：

```
void setup()
{
  int sensorValue;
    sensorValue = analogRead(1);
  switch (sensorValue) {

  case 10:
    digitalWrite(13,HIGH);
    break;

case 20:
  digitalWrite(12,HIGH);
  break;

default: // 以上條件都不符合時，預設執行的動作
    digitalWrite(12,LOW);
    digitalWrite(13,LOW);
}
}
void loop()
{
  }
```

while

當 while 之後的條件成立時，執行括號內的程式碼。

範例：

```
void setup()
{
```

```
  int sensorValue;
  // 當 sensor 值小於 256，閃爍 LED 1 燈
  sensorValue = analogRead(1);
  while (sensorValue < 256) {
    digitalWrite(13,HIGH);
    delay(100);
    digitalWrite(13,HIGH);
    delay(100);
    sensorValue = analogRead(1);
  }
}
void loop()
{
  }
```

do … while

和 while 相似，不同的是 while 前的那段程式碼會先被執行一次，不管特定的條件式為真或為假。因此若有一段程式代碼至少需要被執行一次，就可以使用 do…while 架構。

範例：

```
void setup()
{
  int sensorValue;
  do
  {
    digitalWrite(13,HIGH);
    delay(100);
    digitalWrite(13,HIGH);
    delay(100);
    sensorValue = analogRead(1);
  }
  while (sensorValue < 256);
}
void loop()
{
```

```
}
```

break

Break 讓程式碼跳離迴圈，並繼續執行這個迴圈之後的程式碼。此外，在 break 也用於分隔 switch case 不同的敘述。

範例：

```
void setup()
{
}
void loop()
{
  int sensorValue;
  do {
    // 按下按鈕離開迴圈
    if (digitalRead(7) == HIGH)
        break;
        digitalWrite(13,HIGH);
        delay(100);
        digitalWrite(13,HIGH);
        delay(100);
        sensorValue = analogRead(1);
  }
  while (sensorValue < 512);
}
```

continue

continue 用於迴圈之內，它可以強制跳離接下來的程式，並直接執行下一個迴圈。

範例：

```
#define PWMpin 12
#define Sensorpin 8
```

```
void setup()
{
}
void loop()
{
  int light;
  int x ;
  for (light = 0; light < 255; light++)
  {
      // 忽略數值介於 140 到 200 之間
      x = analogRead(Sensorpin) ;

    if ((x > 140) && (x < 200))
      continue;

    analogWrite(PWMpin, light);
    delay(10);

  }
}
```

return

函式的結尾可以透過 return 回傳一個數值。

例如，有一個計算現在溫度的函式叫 computeTemperature()，你想要回傳現在的溫度給 temperature 變數，你可以這樣寫：

```
#define PWMpin 12
#define Sensorpin 8

void setup()
{
}
void loop()
{
  int light;
  int x ;
```

```
  for (light = 0; light < 255; light++)
  {
    // 忽略數值介於 140 到 200 之間
    x = computeTemperature() ;
    if ((x > 140) && (x < 200))
        continue;

        analogWrite(PWMpin, light);
        delay(10);
  }
}
int computeTemperature() {

  int temperature = 0;
  temperature = (analogRead(Sensorpin) + 45) / 100;
      return temperature;
}
```

算術運算

算術符號

= (給值)

+ (加法)

- (減法)

* (乘法)

/ (除法)

% (求餘數)

你可以透過特殊的語法用 Arduino 去做一些複雜的計算。 + 和 − 就是一般數學上的加減法，乘法用*示，而除法用 /表示。

另外餘數除法(%)，用於計算整數除法的餘數值: 一個整數除以另一個數，其餘數稱為模數，它有助於保持一個變數在一個特定的範圍(例如陣列的大小)。

語法：

result = dividend % divisor

參數：

● dividend：一個被除的數字

● divisor：一個數字用於除以其他數

{}括號

你可以透過多層次的括弧去指定算術之間的循序。和數學函式不一樣，中括號和大括號在此被保留在不同的用途(分別為陣列索引，和宣告區域程式碼)。

範例：

```
#define PWMpin 12
#define Sensorpin 8

void setup()
{
        int sensorValue;
        int light;
        int remainder;

        sensorValue = analogRead(Sensorpin) ;
        light = ((12 * sensorValue) - 5 ) / 2;
        remainder = 3 % 2;

}
void loop()
{
}
```

比較運算

== （等於）

!= (不等於)

< (小於)

> (大於)

<= (小於等於)

>= (大於等於)

當你在指定 if,while, for 敘述句時，可以運用下面這個運算符號：

符號	意義	範例
==	等於	a==1
!=	不等於	a!=1
<	小於	a<1
>	大於	a>1
<=	小於等於	a<=1
>=	大於等於	a>=1

布林運算

➢ && (and)
➢ || (or)
➢ ! (not)

當你想要結合多個條件式時，可以使用布林運算符號。

例如你想要檢查從感測器傳回的數值是否於 5 到 10，你可以這樣寫：

```
#define PWMpin 12
#define Sensorpin 8
void setup()
{
```

```
}
void loop()
{
    int light;
    int sensor ;
    for (light = 0; light < 255; light++)
    {
            // 忽略數值介於 140 到 200 之間
            sensor = analogRead(Sensorpin) ;

    if ((sensor >= 5) && (sensor <=10))
        continue;

        analogWrite(PWMpin, light);
        delay(10);
    }
}
```

這裡有三個運算符號: 交集(and)用 **&&** 表示; 聯集(or)用 **‖** 表示; 反相(finally not)用 **!**表示。

複合運算符號：有一般特殊的運算符號可以使程式碼比較簡潔，例如累加運算符號。

例如將一個值加 1，你可以這樣寫:

```
Int value = 10 ;
value = value + 1 ;
```

你也可以用一個復合運算符號累加(++)：

```
Int value = 10 ;
value ++;
```

複合運算符號

- ➤ ++ (increment)
- ➤ -- (decrement)
- ➤ += (compound addition)
- ➤ -= (compound subtraction)
- ➤ *= (compound multiplication)
- ➤ /= (compound division)

累加和遞減 (++ 和 --)

當你在累加 1 或遞減 1 到一個數值時。請小心 i++ 和 ++i 之間的不同。如果你用的是 i++，i 會被累加並且 i 的值等於 i+1；但當你使用 ++i 時，i 的值等於 i，直到這行指令被執行完時 i 再加 1。同理應用於 - - 。

+= , - =, *= and /=

這些運算符號可讓表示式更精簡，下面二個表示式是等價的：

```
Int value = 10 ;
value   = value +5 ;      // (此兩者都是等價)
value   += 5 ;            // (此兩者都是等價)
```

輸入輸出腳位設定

數位訊號輸出/輸入
- ➤ pinMode()
- ➤ digitalWrite()
- ➤ digitalRead()

類比訊號輸出/輸入
- ➤ analogRead()

➢ analogWrite() - PWM

Arduino 內含了一些處理輸出與輸入的切換功能，相信已經從書中程式範例略知一二。

pinMode(pin, mode)

將數位腳位(digital pin)指定為輸入或輸出。

範例

```
#define sensorPin 7
#define PWNPin 8
void setup()
{
pinMode(sensorPin,INPUT); // 將腳位 sensorPin (7) 定為輸入模式
}
void loop()
{
}
```

digitalWrite(pin, value)

將數位腳位指定為開或關。腳位必須先透過 pinMode 明示為輸入或輸出模式 digitalWrite 才能生效。

範例：

```
#define PWNPin 8
#define sensorPin 7
void setup()
{
digitalWrite (PWNPin,OUTPUT); // 將腳位 PWNPin (8) 定為輸入模式
}
void loop()
```

```
{}
```

int digitalRead(pin)

將輸入腳位的值讀出,當感測到腳位處於高電位時時回傳 HIGH,否則回傳 LOW。

範例:

```
#define PWNPin 8
#define sensorPin 7
void setup()
{
    pinMode(sensorPin,INPUT); // 將腳位  sensorPin (7)  定為輸入模式
    val = digitalRead(7); // 讀出腳位  7  的值並指定給  val
}
void loop()
{
}
```

int analogRead(pin)

讀出類比腳位的電壓並回傳一個 0 到 1023 的數值表示相對應的 0 到 5 的電壓值。

範例:

```
#define PWNPin 8
#define sensorPin 7
void setup()
{
    pinMode(sensorPin,INPUT); // 將腳位  sensorPin (7)  定為輸入模式
    val = analogRead (7); // 讀出腳位  7  的值並指定給  val
}
void loop()
```

```
{
}
```

analogWrite(pin, value)

改變 PWM 腳位的輸出電壓值，腳位通常會在 3、5、6、9、10 與 11。value 變數範圍 0-255，例如：輸出電壓 2.5 伏特（V），該值大約是 128。

範例：

```
#define PWNPin 8
#define sensorPin 7
void setup()
{
analogWrite (PWNPin,OUTPUT); // 將腳位 PWNPin (8) 定為輸入模式
}
void loop()
{    }
```

進階 I/O

- ➤ tone()
- ➤ noTone()
- ➤ shiftOut()
- ➤ pulseIn()

tone(Pin)

使用 Arduino 開發板，使用一個 Digital Pin(數位接腳)連接喇叭，請參考**錯誤! 找不到參照來源。**所示，將喇叭接在您想要的腳位，並參考**錯誤! 找不到參照來源。**所示，可以產生想要的音調。

範例：

```
#include <Tone.h>
```

```
Tone tone1;

void setup()
{
    tone1.begin(13);
    tone1.play(NOTE_A4);
}

void loop()
{
}
```

表 10 Tone 頻率表

常態變數	頻率(Frequency (Hz))
NOTE_B2	123
NOTE_C3	131
NOTE_CS3	139
NOTE_D3	147
NOTE_DS3	156
NOTE_E3	165
NOTE_F3	175
NOTE_FS3	185
NOTE_G3	196
NOTE_GS3	208
NOTE_A3	220
NOTE_AS3	233
NOTE_B3	247
NOTE_C4	262
NOTE_CS4	277
NOTE_D4	294
NOTE_DS4	311
NOTE_E4	330
NOTE_F4	349
NOTE_FS4	370
NOTE_G4	392

常態變數	頻率(Frequency (Hz))
NOTE_GS4	415
NOTE_A4	440
NOTE_AS4	466
NOTE_B4	494
NOTE_C5	523
NOTE_CS5	554
NOTE_D5	587
NOTE_DS5	622
NOTE_E5	659
NOTE_F5	698
NOTE_FS5	740
NOTE_G5	784
NOTE_GS5	831
NOTE_A5	880
NOTE_AS5	932
NOTE_B5	988
NOTE_C6	1047
NOTE_CS6	1109
NOTE_D6	1175
NOTE_DS6	1245
NOTE_E6	1319
NOTE_F6	1397
NOTE_FS6	1480
NOTE_G6	1568
NOTE_GS6	1661
NOTE_A6	1760
NOTE_AS6	1865
NOTE_B6	1976
NOTE_C7	2093
NOTE_CS7	2217
NOTE_D7	2349
NOTE_DS7	2489
NOTE_E7	2637
NOTE_F7	2794
NOTE_FS7	2960
NOTE_G7	3136

常態變數	頻率(Frequency (Hz))
NOTE_GS7	3322
NOTE_A7	3520
NOTE_AS7	3729
NOTE_B7	3951
NOTE_C8	4186
NOTE_CS8	4435
NOTE_D8	4699
NOTE_DS8	4978

資料來源：https://code.google.com/p/rogue-

code/wiki/ToneLibraryDocumentation#Ugly_Details

表 11 Tone 音階頻率對照表

音階	常態變數	頻率(Frequency (Hz))
低音 Do	NOTE_C4	262
低音 Re	NOTE_D4	294
低音 Mi	NOTE_E4	330
低音 Fa	NOTE_F4	349
低音 So	NOTE_G4	392
低音 La	NOTE_A4	440
低音 Si	NOTE_B4	494
中音 Do	NOTE_C5	523
中音 Re	NOTE_D5	587
中音 Mi	NOTE_E5	659
中音 Fa	NOTE_F5	698
中音 So	NOTE_G5	784
中音 La	NOTE_A5	880
中音 Si	NOTE_B5	988
高音 Do	NOTE_C6	1047
高音 Re	NOTE_D6	1175
高音 Mi	NOTE_E6	1319
高音 Fa	NOTE_F6	1397
高音 So	NOTE_G6	1568

音階	常態變數	頻率(Frequency (Hz))
高音 La	NOTE_A6	1760
高音 Si	NOTE_B6	1976
高高音 Do	NOTE_C7	2093

資料來源：https://code.google.com/p/rogue-code/wiki/ToneLibraryDocumentation#Ugly_Details

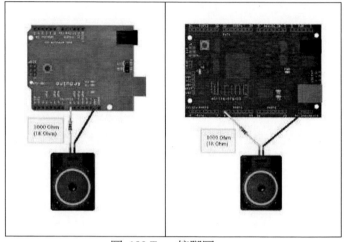

圖 108 Tone 接腳圖

資料來源：https://code.google.com/p/rogue-code/wiki/ToneLibraryDocumentation#Ugly_Details

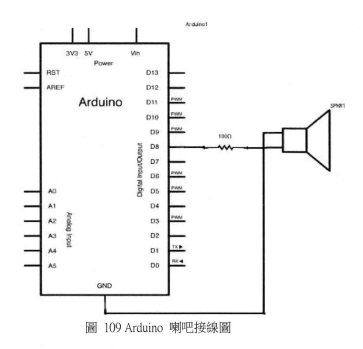

圖 109 Arduino 喇吧接線圖

Mario 音樂範例：

```
/*
    Arduino Mario Bros Tunes
    With Piezo Buzzer and PWM
    by: Dipto Pratyaksa
    last updated: 31/3/13
*/
#include <pitches.h>

#define melodyPin 3
//Mario main theme melody
int melody[] = {
    NOTE_E7, NOTE_E7, 0, NOTE_E7,
    0, NOTE_C7, NOTE_E7, 0,
    NOTE_G7, 0, 0,   0,
    NOTE_G6, 0, 0, 0,

    NOTE_C7, 0, 0, NOTE_G6,
```

```
  0, 0, NOTE_E6, 0,
  0, NOTE_A6, 0, NOTE_B6,
  0, NOTE_AS6, NOTE_A6, 0,

  NOTE_G6, NOTE_E7, NOTE_G7,
  NOTE_A7, 0, NOTE_F7, NOTE_G7,
  0, NOTE_E7, 0,NOTE_C7,
  NOTE_D7, NOTE_B6, 0, 0,

  NOTE_C7, 0, 0, NOTE_G6,
  0, 0, NOTE_E6, 0,
  0, NOTE_A6, 0, NOTE_B6,
  0, NOTE_AS6, NOTE_A6, 0,

  NOTE_G6, NOTE_E7, NOTE_G7,
  NOTE_A7, 0, NOTE_F7, NOTE_G7,
  0, NOTE_E7, 0,NOTE_C7,
  NOTE_D7, NOTE_B6, 0, 0
};
//Mario main them tempo
int tempo[] = {
  12, 12, 12, 12,
  12, 12, 12, 12,
  12, 12, 12, 12,
  12, 12, 12, 12,

  12, 12, 12, 12,
  12, 12, 12, 12,
  12, 12, 12, 12,
  12, 12, 12, 12,

  9, 9, 9,
  12, 12, 12, 12,
  12, 12, 12, 12,
  12, 12, 12, 12,

  12, 12, 12, 12,
  12, 12, 12, 12,
  12, 12, 12, 12,
```

```
  12, 12, 12, 12,

   9, 9, 9,
   12, 12, 12, 12,
   12, 12, 12, 12,
   12, 12, 12, 12,
};

//

//Underworld melody
int underworld_melody[] = {
   NOTE_C4, NOTE_C5, NOTE_A3, NOTE_A4,
   NOTE_AS3, NOTE_AS4, 0,
   0,
   NOTE_C4, NOTE_C5, NOTE_A3, NOTE_A4,
   NOTE_AS3, NOTE_AS4, 0,
   0,
   NOTE_F3, NOTE_F4, NOTE_D3, NOTE_D4,
   NOTE_DS3, NOTE_DS4, 0,
   0,
   NOTE_F3, NOTE_F4, NOTE_D3, NOTE_D4,
   NOTE_DS3, NOTE_DS4, 0,
   0, NOTE_DS4, NOTE_CS4, NOTE_D4,
   NOTE_CS4, NOTE_DS4,
   NOTE_DS4, NOTE_GS3,
   NOTE_G3, NOTE_CS4,
   NOTE_C4, NOTE_FS4,NOTE_F4, NOTE_E3, NOTE_AS4, NOTE_A4,
   NOTE_GS4, NOTE_DS4, NOTE_B3,
   NOTE_AS3, NOTE_A3, NOTE_GS3,
   0, 0, 0
};
//Underwolrd tempo
int underworld_tempo[] = {
   12, 12, 12, 12,
   12, 12, 6,
   3,
   12, 12, 12, 12,
   12, 12, 6,
```

```
   3,
   12, 12, 12, 12,
   12, 12, 6,
   3,
   12, 12, 12, 12,
   12, 12, 6,
   6, 18, 18, 18,
   6, 6,
   6, 6,
   6, 6,
   18, 18, 18,18, 18, 18,
   10, 10, 10,
   10, 10, 10,
   3, 3, 3
};

void setup(void)
{
    pinMode(3, OUTPUT);//buzzer
    pinMode(13, OUTPUT);//led indicator when singing a note

}
void loop()
{
//sing the tunes
   sing(1);
   sing(1);
   sing(2);
}
int song = 0;

void sing(int s){
    // iterate over the notes of the melody:
    song = s;
    if(song==2){
       Serial.println(" 'Underworld Theme'");
       int size = sizeof(underworld_melody) / sizeof(int);
       for (int thisNote = 0; thisNote < size; thisNote++) {
```

```
          // to calculate the note duration, take one second
          // divided by the note type.
          //e.g. quarter note = 1000 / 4, eighth note = 1000/8, etc.
          int noteDuration = 1000/underworld_tempo[thisNote];

          buzz(melodyPin, underworld_melody[thisNote],noteDuration);

          // to distinguish the notes, set a minimum time between them.
          // the note's duration + 30% seems to work well:
          int pauseBetweenNotes = noteDuration * 1.30;
          delay(pauseBetweenNotes);

          // stop the tone playing:
          buzz(melodyPin, 0,noteDuration);

      }

  }else{

      Serial.println(" 'Mario Theme'");
      int size = sizeof(melody) / sizeof(int);
      for (int thisNote = 0; thisNote < size; thisNote++) {

          // to calculate the note duration, take one second
          // divided by the note type.
          //e.g. quarter note = 1000 / 4, eighth note = 1000/8, etc.
          int noteDuration = 1000/tempo[thisNote];

          buzz(melodyPin, melody[thisNote],noteDuration);

          // to distinguish the notes, set a minimum time between them.
          // the note's duration + 30% seems to work well:
          int pauseBetweenNotes = noteDuration * 1.30;
          delay(pauseBetweenNotes);

          // stop the tone playing:
          buzz(melodyPin, 0,noteDuration);

      }
```

```
    }
}

void buzz(int targetPin, long frequency, long length) {
    digitalWrite(13,HIGH);
    long delayValue = 1000000/frequency/2; // calculate the delay value between
transitions
    //// 1 second's worth of microseconds, divided by the frequency, then split in half since
    //// there are two phases to each cycle
    long numCycles = frequency * length/ 1000; // calculate the number of cycles for
proper timing
    //// multiply frequency, which is really cycles per second, by the number of seconds to
    //// get the total number of cycles to produce
    for (long i=0; i < numCycles; i++){ // for the calculated length of time...
        digitalWrite(targetPin,HIGH); // write the buzzer pin high to push out the diaphram
        delayMicroseconds(delayValue); // wait for the calculated delay value
        digitalWrite(targetPin,LOW); // write the buzzer pin low to pull back the diaphram
        delayMicroseconds(delayValue); // wait again or the calculated delay value
    }
    digitalWrite(13,LOW);

}
```

```
/************************************************
 * Public Constants
 ************************************************/

#define NOTE_B0    31
#define NOTE_C1    33
#define NOTE_CS1 35
#define NOTE_D1    37
#define NOTE_DS1 39
#define NOTE_E1    41
#define NOTE_F1    44
#define NOTE_FS1 46
#define NOTE_G1    49
#define NOTE_GS1 52
#define NOTE_A1    55
#define NOTE_AS1 58
```

```
#define NOTE_B1   62
#define NOTE_C2   65
#define NOTE_CS2 69
#define NOTE_D2   73
#define NOTE_DS2 78
#define NOTE_E2   82
#define NOTE_F2   87
#define NOTE_FS2 93
#define NOTE_G2   98
#define NOTE_GS2 104
#define NOTE_A2   110
#define NOTE_AS2 117
#define NOTE_B2   123
#define NOTE_C3   131
#define NOTE_CS3 139
#define NOTE_D3   147
#define NOTE_DS3 156
#define NOTE_E3   165
#define NOTE_F3   175
#define NOTE_FS3 185
#define NOTE_G3   196
#define NOTE_GS3 208
#define NOTE_A3   220
#define NOTE_AS3 233
#define NOTE_B3   247
#define NOTE_C4   262
#define NOTE_CS4 277
#define NOTE_D4   294
#define NOTE_DS4 311
#define NOTE_E4   330
#define NOTE_F4   349
#define NOTE_FS4 370
#define NOTE_G4   392
#define NOTE_GS4 415
#define NOTE_A4   440
#define NOTE_AS4 466
#define NOTE_B4   494
#define NOTE_C5   523
#define NOTE_CS5 554
```

```c
#define NOTE_D5   587
#define NOTE_DS5 622
#define NOTE_E5   659
#define NOTE_F5   698
#define NOTE_FS5 740
#define NOTE_G5   784
#define NOTE_GS5 831
#define NOTE_A5   880
#define NOTE_AS5 932
#define NOTE_B5   988
#define NOTE_C6   1047
#define NOTE_CS6 1109
#define NOTE_D6   1175
#define NOTE_DS6 1245
#define NOTE_E6   1319
#define NOTE_F6   1397
#define NOTE_FS6 1480
#define NOTE_G6   1568
#define NOTE_GS6 1661
#define NOTE_A6   1760
#define NOTE_AS6 1865
#define NOTE_B6   1976
#define NOTE_C7   2093
#define NOTE_CS7 2217
#define NOTE_D7   2349
#define NOTE_DS7 2489
#define NOTE_E7   2637
#define NOTE_F7   2794
#define NOTE_FS7 2960
#define NOTE_G7   3136
#define NOTE_GS7 3322
#define NOTE_A7   3520
#define NOTE_AS7 3729
#define NOTE_B7   3951
#define NOTE_C8   4186
#define NOTE_CS8 4435
#define NOTE_D8   4699
#define NOTE_DS8 4978
```

shiftOut(dataPin, clockPin, bitOrder, value)

把資料傳給用來延伸數位輸出的暫存器，函式使用一個腳位表示資料、一個腳位表示時脈。bitOrder 用來表示位元間移動的方式（LSBFIRST 最低有效位元或是 MSBFIRST 最高有效位元），最後 value 會以 byte 形式輸出。此函式通常使用在延伸數位的輸出。

範例：

```
#define dataPin 8
#define clockPin 7
void setup()
{
shiftOut(dataPin, clockPin, LSBFIRST, 255);
}
void loop()
{    }
```

unsigned long pulseIn(pin, value)

設定讀取腳位狀態的持續時間，例如使用紅外線、加速度感測器測得某一項數值時，在時間單位內不會改變狀態。

範例：

```
#define dataPin 8
#define pulsein 7
void setup()
{
Int time ;
time = pulsein(pulsein,HIGH); // 設定腳位 7 的狀態在時間單位內保持為 HIGH
}
void loop()
{    }
```

時間函式

- ➤ millis()
- ➤ micros()
- ➤ delay()
- ➤ delayMicroseconds()

控制與計算晶片執行期間的時間

unsigned long millis()

回傳晶片開始執行到目前的毫秒

範例:

```
int    lastTime ,duration;
void setup()
{
  lastTime = millis() ;
}
void loop()
{
  duration = -lastTime; // 表示自"lastTime"至當下的時間
}
```

delay(ms)

暫停晶片執行多少毫秒

範例:

```
void setup()
{
  Serial.begin(9600);
```

```
}
void loop()
{
  Serial.print(millis()) ;
  delay(500); //暫停半秒（500 毫秒）
}
```

「毫」是 10 的負 3 次方的意思，所以「毫秒」就是 10 的負 3 次方秒，也就是
0.001 秒。

表 12 常用單位轉換表

符號	中文	英文	符號意義
p	微微	pico	10 的負 12 次方
n	奈	nano	10 的負 9 次方
u	微	micro	10 的負 6 次方
m	毫	milli	10 的負 3 次方
K	仟	kilo	10 的 3 次方
M	百萬	mega	10 的 6 次方
G	十億	giga	10 的 9 次方
T	兆	tera	10 的 12 次方

delay Microseconds(us)

暫停晶片執行多少微秒

範例:

```
void setup()
{
  Serial.begin(9600);
}
void loop()
{
  Serial.print(millis()) ;
  delayMicroseconds (1000); //暫停半秒（500 毫秒）
}
```

數學函式

- ➤ min()
- ➤ max()
- ➤ abs()
- ➤ constrain()
- ➤ map()
- ➤ pow()
- ➤ sqrt()

三角函式以及基本的數學運算

min(x, y)

回傳兩數之間較小者

範例：

```
#define sensorPin1 7
#define sensorPin2 8
void setup()
{
  int val;
    pinMode(sensorPin1,INPUT); // 將腳位 sensorPin1 (7) 定為輸入模式
    pinMode(sensorPin2,INPUT); // 將腳位 sensorPin2 (8) 定為輸入模式
    val = min(analogRead (sensorPin1), analogRead (sensorPin2)) ;
}
void loop()
{    }
```

max(x, y)

回傳兩數之間較大者

範例：

```
#define sensorPin1 7
#define sensorPin2 8
void setup()
{
  int val;
  pinMode(sensorPin1,INPUT); // 將腳位 sensorPin1 (7) 定為輸入模式
  pinMode(sensorPin2,INPUT); // 將腳位 sensorPin2 (8) 定為輸入模式
  val = max (analogRead (sensorPin1), analogRead (sensorPin2)) ;
}
void loop()
{    }
```

abs(x)

回傳該數的絕對值，可以將負數轉正數。

範例：

```
#define sensorPin1 7
void setup()
{
  int val;
  pinMode(sensorPin1,INPUT); // 將腳位 sensorPin (7) 定為輸入模式
    val = abs(analogRead (sensorPin1)-500);
      // 回傳讀值-500 的絕對值
}
void loop()
{    }
```

constrain(x, a, b)

判斷 x 變數位於 a 與 b 之間的狀態。x 若小於 a 回傳 a；介於 a 與 b 之間回傳 x 本身；大於 b 回傳 b

範例：

```
#define sensorPin1 7
#define sensorPin2 8
#define sensorPin 12
void setup()
{
  int val;
  pinMode(sensorPin1,INPUT); // 將腳位 sensorPin1 (7) 定為輸入模式
  pinMode(sensorPin2,INPUT); // 將腳位 sensorPin2 (8) 定為輸入模式
  pinMode(sensorPin,INPUT); // 將腳位 sensorPin (12) 定為輸入模式
  val = constrain(analogRead(sensorPin), analogRead (sensorPin1), analogRead
(sensorPin2)) ;
  // 忽略大於 255 的數
}
void loop()
{
}
```

map(value, fromLow, fromHigh, toLow, toHigh)

將 value 變數依照 fromLow 與 fromHigh 範圍，對等轉換至 toLow 與 toHigh 範圍。時常使用於讀取類比訊號，轉換至程式所需要的範圍值。

例如：

```
#define sensorPin1 7
#define sensorPin2 8
#define sensorPin 12
void setup()
{
  int val;
  pinMode(sensorPin1,INPUT); // 將腳位 sensorPin1 (7) 定為輸入模式
  pinMode(sensorPin2,INPUT); // 將腳位 sensorPin2 (8) 定為輸入模式
  pinMode(sensorPin,INPUT); // 將腳位 sensorPin (12) 定為輸入模式
  val = map(analogRead(sensorPin), analogRead (sensorPin1), analogRead
(sensorPin2),0,100) ;
```

```
    // 將 analog0 所讀取到的訊號對等轉換至 100 – 200 之間的數值
}
void loop()
{      }
```

double pow(base, exponent)

回傳一個數(base)的指數(exponent)值。

範例：

```
int y=2;
double x = pow(y, 32); // 設定 x 為 y 的 32 次方
```

double sqrt(x)

回傳 double 型態的取平方根值。

範例：

```
int y=2123;
double x = sqrt (y);   // 回傳 2123 平方根的近似值
```

三角函式

- ➤ sin()
- ➤ cos()
- ➤ tan()

double sin(rad)

回傳角度（radians）的三角函式 sine 值。

範例：

```
int y=45;
double sine = sin (y);    // 近似值 0.70710678118654
```

double cos(rad)

回傳角度（radians）的三角函式 cosine 值。

範例：

```
int y=45;
double cosine = cos (y);    // 近似值 0.70710678118654
```

double tan(rad)

回傳角度（radians）的三角函式 tangent 值。

範例：

```
int y=45;
double tangent = tan (y);    // 近似值 1
```

亂數函式

- ➤ randomSeed()
- ➤ random()

本函數是用來產生亂數用途：

randomSeed(seed)

事實上在 Arduino 裡的亂數是可以被預知的。所以如果需要一個真正的亂數，可以呼叫此函式重新設定產生亂數種子。你可以使用亂數當作亂數的種子，以確保數字以隨機的方式出現，通常會使用類比輸入當作亂數種子，藉此可以產生與環境有關的亂數。

範例：

```
#define sensorPin 7
void setup()
{
randomSeed(analogRead(sensorPin)); // 使用類比輸入當作亂數種子
}
void loop()
{
}
```

long random(min, max)

回傳指定區間的亂數，型態為 long。如果沒有指定最小值，預設為 0。

範例：

```
#define sensorPin 7
long randNumber;
void setup(){
    Serial.begin(9600);
    // if analog input pin sensorPin(7) is unconnected, random analog
    // noise will cause the call to randomSeed() to generate
    // different seed numbers each time the sketch runs.
    // randomSeed() will then shuffle the random function.
    randomSeed(analogRead(sensorPin));
}
void loop() {
    // print a random number from 0 to 299
    randNumber = random(300);
    Serial.println(randNumber);
```

```
// print a random number from    0 to 100
randNumber = random(0, 100);    // 回傳 0 – 99 之間的數字
Serial.println(randNumber);
delay(50);
}
```

通訊函式

你可以在許多例子中，看見一些使用序列埠與電腦交換資訊的範例，以下是函式解釋。

Serial.begin(speed)

你可以指定 Arduino 從電腦交換資訊的速率，通常我們使用 9600 bps。當然也可以使用其他的速度，但是通常不會超過 115,200 bps（每秒位元組）。

範例：

```
void setup() {
   Serial.begin(9600);        // open the serial port at 9600 bps:
}
void loop() {
   }
```

Serial.print(data)

Serial.print(data, 格式字串(encoding))

經序列埠傳送資料，提供編碼方式的選項。如果沒有指定，預設以一般文字傳送。

範例：

```
int x = 0;      // variable

void setup() {
   Serial.begin(9600);         // open the serial port at 9600 bps:
}

void loop() {
   // print labels
   Serial.print("NO FORMAT");        // prints a label
   Serial.print("\t");               // prints a tab
   Serial.print("DEC");
   Serial.print("\t");
   Serial.print("HEX");
   Serial.print("\t");
   Serial.print("OCT");
   Serial.print("\t");
   Serial.print("BIN");
   Serial.print("\t");
}
```

Serial.println(data)

Serial.println(data, ,格式字串(encoding))

與 Serial.print()相同，但會在資料尾端加上換行字元（ ）。意思如同你在鍵盤上打了一些資料後按下 Enter。

範例：

```
int x = 0;      // variable
void setup() {
   Serial.begin(9600);         // open the serial port at 9600 bps:
}
void loop() {
   // print labels
   Serial.print("NO FORMAT");        // prints a label
   Serial.print("\t");               // prints a tab
```

```
Serial.print("DEC");
Serial.print("\t");
Serial.print("HEX");
Serial.print("\t");
Serial.print("OCT");
Serial.print("\t");
Serial.print("BIN");
Serial.print("\t");

for(x=0; x< 64; x++){        // only part of the ASCII chart, change to suit
    // print it out in many formats:
    Serial.print(x);              // print as an ASCII-encoded decimal - same as "DEC"
    Serial.print("\t");        // prints a tab
    Serial.print(x, DEC);   // print as an ASCII-encoded decimal
    Serial.print("\t");        // prints a tab
    Serial.print(x, HEX);    // print as an ASCII-encoded hexadecimal
    Serial.print("\t");        // prints a tab
    Serial.print(x, OCT);   // print as an ASCII-encoded octal
    Serial.print("\t");        // prints a tab
    Serial.println(x, BIN);   // print as an ASCII-encoded binary
    //                     then adds the carriage return with "println"
    delay(200);                  // delay 200 milliseconds
}
Serial.println("");            // prints another carriage return
}
```

格式字串(encoding)

Arduino 的 print()和 println()，在列印內容時，可以指定列印內容使用哪一種格式列印，若不指定，則以原有內容列印。

列印格式如下：

1. BIN(二進位，或以 2 為基數)，

2. OCT(八進制，或以 8 為基數)，

3. DEC(十進位，或以 10 為基數)，

4. HEX(十六進位，或以 16 為基數)。

使用範例如下：

● Serial.print(78,BIN)輸出為 "1001110"

● Serial.print(78,OCT)輸出為 "116"

● Serial.print(78,DEC)輸出為 "78"

● Serial.print(78,HEX)輸出為 "4E"

對於浮點型數位，可以指定輸出的小數數位。例如

● Serial.println(1.23456,0)輸出為 "1"

● Serial.println(1.23456,2)輸出為 "1.23"

● Serial.println(1.23456,4)輸出為 "1.2346"

Print & Println 列印格式(printformat01)
```
/*
使用 for 迴圈列印一個數字的各種格式。
*/
int x = 0;      // 定義一個變數並賦值

void setup() {
   Serial.begin(9600);        // 打開串口傳輸，並設置串列傳輸速率為 9600
}

void loop() {
   ///列印標籤
   Serial.print("NO FORMAT");          // 列印一個標籤
   Serial.print("\t");                 // 列印一個轉義字元

   Serial.print("DEC");
```

```
    Serial.print("\t");

    Serial.print("HEX");
    Serial.print("\t");

    Serial.print("OCT");
    Serial.print("\t");

    Serial.print("BIN");
    Serial.print("\t");

    for(x=0; x< 64; x++){       // 列印 ASCII 碼表的一部分, 修改它的格式得到需
要的內容

       //   列印多種格式:
       Serial.print(x);         // 以十進位格式將 x 列印輸出 - 與 "DEC"相同
       Serial.print("\t");      // 橫向跳格

       Serial.print(x, DEC);   // 以十進位格式將 x 列印輸出
       Serial.print("\t");      // 橫向跳格

       Serial.print(x, HEX);   // 以十六進位格式列印輸出
       Serial.print("\t");      // 橫向跳格

       Serial.print(x, OCT);   // 以八進制格式列印輸出
       Serial.print("\t");      // 橫向跳格

       Serial.println(x, BIN);  // 以二進位格式列印輸出
       //                               然後用 "println"列印一個回車
       delay(200);              // 延時 200ms
    }
    Serial.println("");         // 列印一個空字元，並自動換行
}
```

int Serial.available()

回傳有多少位元組（bytes）的資料尚未被 read()函式讀取，如果回傳值是 0 代表所有序列埠上資料都已經被 read()函式讀取。

範例：

```
int incomingByte = 0;     // for incoming serial data
  void setup() {
          Serial.begin(9600);         // opens serial port, sets data rate to 9600 bps
  }
  void loop() {
          // send data only when you receive data:
          if (Serial.available() > 0) {
                  // read the incoming byte:
                  incomingByte = Serial.read();
                  // say what you got:
                  Serial.print("I received: ");
                  Serial.println(incomingByte, DEC);
          }
  }
```

int Serial.read()

以 byte 方式讀取 1byte 的序列資料

範例：

```
int incomingByte = 0;     // for incoming serial data
void setup() {
    Serial.begin(9600);         // opens serial port, sets data rate to 9600 bps
}
void loop() {
    // send data only when you receive data:
    if (Serial.available() > 0) {
        // read the incoming byte:
        incomingByte = Serial.read();
        // say what you got:
        Serial.print("I received: ");
```

```
      Serial.println(incomingByte, DEC);
   }
}
```

int Serial.write()

以 byte 方式寫入資料到序列

範例：

```
void setup(){
   Serial.begin(9600);
}
void loop(){
   Serial.write(45); // send a byte with the value 45
     int bytesSent = Serial.write("hello Arduino , I am a beginner in the Arduino
world");
}
```

Serial.flush()

有時候因為資料速度太快，超過程式處理資料的速度，你可以使用此函式清
除緩衝區內的資料。經過此函式可以確保緩衝區(buffer)內的資料都是最新的。

範例：

```
void setup(){
   Serial.begin(9600);
}
void loop(){
   Serial.write(45); // send a byte with the value 45
     int bytesSent = Serial.write("hello Arduino , I am a beginner in the Arduino
world");
       Serial.flush();
     }
```

章節小結

本章節概略的介紹 Arduino 程式攢寫的語法、函式等介紹，接下來就是介紹本書主要的內容，讓我們視目以待。

CHAPTER

基礎實驗

Hello World

首先先來練習一個不需要其他輔助元件,只需要一塊 Arduino 開發板與 USB 下載線的簡單實驗。

首先,我要讓 Arduino 說出 "Hello World!",這是一個讓 Arduino 開發板印出資訊在開發所用的個人電腦上的實驗,這也是一個入門試驗,希望可以帶領大家進入 Arduino 的世界。

如圖 110 所示,這個實驗我們需要用到的實驗硬體有圖 110.(a)的 Arduino Mega 2560 與圖 110.(b) USB 下載線:

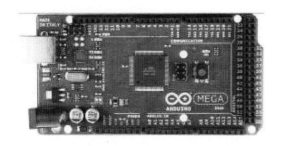 

(a).Arduino Mega 2560　　　　　　(b). USB 下載線

圖 110 Hello World 所需材料表

我們遵照前幾章所述,將 Arduino 開發板的驅動程式安裝好之後,我們打開 Arduino 開發板的開發工具:Sketch IDE 整合開發軟體,編寫一段程式,如表 13 所示之"Hello World!"程式,讓 Arduino 顯示 "Hello World!"

表 13 Hello World 程式

Hello World 程式(Hello_World)

int val;//定義變數 val
int ledpin=13;//定義 Led pin13
void setup()
{
Serial.begin(9600);
 	
//設置串列傳輸速率為 9600 bps，這裏要跟 Sketch IDE 整合開發軟體設置一
致。當使用特定設備（如：藍牙）時，我們也要跟其他設備的串列傳輸速率達
到一致。
pinMode(ledpin,OUTPUT);
//設置數位接腳 13 為輸出介面，Arduino 上我們用到的 I/O 口都要進行類似這樣
的定義。
}
void loop()
{
Serial.println("Hello World!");//顯示 "Hello World！" 字串
delay(500);
}
}

如圖 111 所示，我們可以看到 Hello World 程式結果畫面。

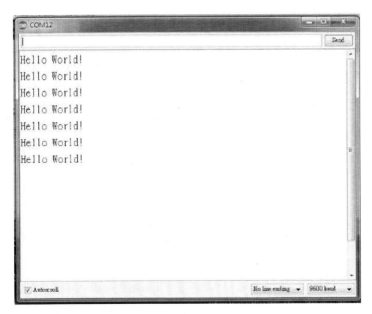

圖 111 Hello World 程式結果畫面

讀取使用者文字顯示於 USB 通訊監控畫面

如果使用者想要輸入一段字，讓 Arduino 開發板顯示這段字，本實驗仍只需要
一塊 Arduino 開發板與 USB 下載線的簡單實驗。

首先，我要讓 Arduino 開發板讀取 USB 下載線，在開發所用的個人電腦上使用
Arduino 開發板的開發工具：Sketch IDE 整合開發軟體，在圖 112 之顯示於 USB 通
訊監控畫面印出使用者輸入的資料，這也是一個入門試驗，希望可以帶領大家進入
與 Arduino 開發板溝通的世界。

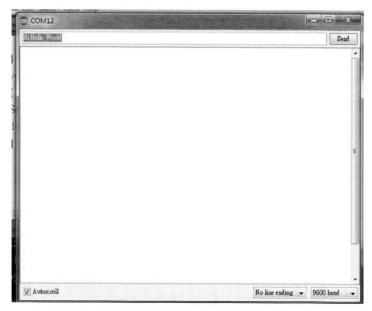

圖 112 USB 通訊監控畫面

　　如圖 113 所示，這個實驗我們需要用到的實驗硬體有圖 113.(a)的 Arduino Mega 2560 與圖 113.(b) USB 下載線：

(a).Arduino Mega 2560　　　　　　　(b). USB 下載線

圖 113 讀取 Serial Port 所需材料表

　　我們遵照前幾章所述，將Arduino 開發板的驅動程式安裝好之後，

我們打開Arduino 開發板的開發工具：Sketch IDE整合開發軟體，編寫

一段程式，如表 14所示之讀取使用者文字顯示於USB通訊監控畫面得程式，

讓Arduino顯示 "This is a Book"

表 14 讀取使用者文字顯示於 USB 通訊監控畫面

讀取使用者文字顯示於 USB 通訊監控畫面(Read_String)

int val;//定義變數 val
int ledpin=13;//定義 Led pin13
int incomingByte = 0;   // for incoming serial data
 	
void setup()
{
Serial.begin(9600);
//設置串列傳輸速率為 9600 bps，這裏要跟 Sketch IDE 整合開發軟體設置一致。當使用特定設備（如：藍牙）時，我們也要跟其他設備的串列傳輸速率達到一致。
pinMode(ledpin,OUTPUT);
//設置數位接腳 13 為輸出介面，Arduino 上我們用到的 I/O 口都要進行類似這樣的定義。
}
void loop()
{
 	
        if (Serial.available() > 0) {
            // read the incoming byte:
            while (Serial.available() > 0)
              {
                  incomingByte = Serial.read();
                  Serial.println((char)incomingByte);
              }
          }
 	
}

如圖 114所示，我們可以看到讀取使用者文字顯示於USB通訊監控畫面結果畫面。

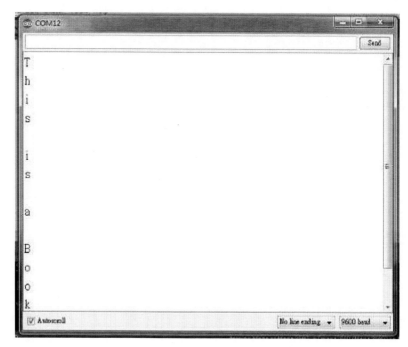

圖 114 讀取使用者文字顯示於 USB 通訊監控畫面結果畫面

　　讀取使用者文字顯示十進位值於 USB 通訊監控畫面

　　如果使用者想要輸入一段字，讓 Arduino 開發板顯示這些字的 ASC II 十進位值，本實驗仍只需要一塊 Arduino 開發板與 USB 下載線的簡單實驗。

　　首先，我要讓 Arduino 開發板讀取 USB 下載線，在開發所用的個人電腦上使用 Arduino 開發板的開發工具：Sketch IDE 整合開發軟體，如圖 115 所示，我們可以看到 USB 通訊監控畫面，在圖 115 之顯示於 USB 通訊監控畫面印出使用者輸入的資料，這也是一個入門試驗，希望可以帶領大家進入與 Arduino 開發板溝通的世界。

圖 115 USB 通訊監控畫面

　　如圖 116.所示，這個實驗我們需要用到的實驗硬體有圖 116.(a)的 Arduino Mega 2560 與圖 116..(b) USB 下載線：

(a).Arduino Mega 2560　　　　　　　(b). USB 下載線

圖 116 讀取 Serial Port 所需材料表

　　我們遵照前幾章所述，將 Arduino 開發板的驅動程式安裝好之後，我們打開 Arduino 開發板的開發工具：Sketch IDE 整合開發軟體，編寫一段程式，如表 15 所示之讀取使用者文字顯示十進位值於 USB 通訊監控畫面程式，讓 Arduino 以十進位內容方式，顯示"This is a Book"的 ASC II 內碼值。

表 15 讀取使用者文字顯示十進位值於 USB 通訊監控畫面

讀取使用者文字顯示十進位值於 USB 通訊監控畫面(Read_String2Dec)

```
int val;//定義變數 val
int ledpin=13;//定義 Led pin13
int incomingByte = 0;      // for incoming serial data

void setup()
{
Serial.begin(9600);
//設置串列傳輸速率為 9600 bps，這裏要跟 Sketch IDE 整合開發軟體設置一致。
當使用特定設備（如：藍牙）時，我們也要跟其他設備的串列傳輸速率達到一
致。
pinMode(ledpin,OUTPUT);
//設置數位接腳 13 為輸出介面，Arduino 上我們用到的 I/O 口都要進行類似這樣
的定義。
}
void loop()
{


        if (Serial.available() > 0) {
              // read the incoming byte:
              while (Serial.available() > 0)
                {
                      incomingByte = Serial.read();
                      Serial.println(incomingByte,DEC);
                          //DEC   for arduino display data in Decimal format
                }
           }


}
```

　　如圖 117所示，我們可以看到讀取使用者文字顯示十進位值於USB

通訊監控畫面結果畫面。

圖 117 讀取使用者文字顯示十進位值於 USB 通訊監控畫面結果畫面

讀取使用者文字顯示十六進位值於 USB 通訊監控畫面

如果使用者想要輸入一段字，讓 Arduino 開發板顯示這些字的 ASCII 十六進位值，本實驗仍只需要一塊 Arduino 開發板與 USB 下載線的簡單實驗。

首先，我要讓 Arduino 開發板讀取 USB 下載線，在開發所用的個人電腦上使用 Arduino 開發板的開發工具：Sketch IDE 整合開發軟體，如圖 118 所示，我們可以看到 USB 通訊監控畫面，在圖 118 之顯示於 USB 通訊監控畫面印出使用者輸入的資料，這也是一個入門試驗，希望可以帶領大家進入與 Arduino 開發板溝通的世界。

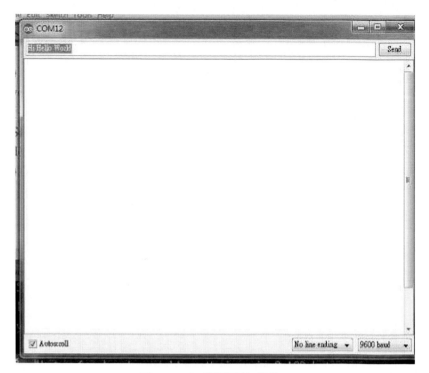

圖 118 USB 通訊監控畫面

如圖 119.所示，這個實驗我們需要用到的實驗硬體有圖 119.(a)的 Arduino Mega 2560 與圖 119..(b) USB 下載線：

(a).Arduino Mega 2560

(b). USB 下載線

圖 119 讀取 Serial Port 所需材料表

我們遵照前幾章所述，將 Arduino 開發板的驅動程式安裝好之後，我們打開 Arduino 開發板的開發工具：Sketch IDE 整合開發軟體，編寫一段程式，如表 16 所示之讀取使用者文字顯示十六進位值於 USB 通訊監控畫面程式，讓 Arduino 以十六進位內容方式，顯示 "This is a Book" 的 ASC II 內碼值。

表 16 讀取使用者文字顯示十六進位值於 USB 通訊監控畫面

讀取使用者文字顯示十六進位值於 USB 通訊監控畫面(Read_String2Hex)

int val;//定義變數 val
int ledpin=13;//定義 Led pin13
int incomingByte = 0;   // for incoming serial data
 	
void setup()
{
Serial.begin(9600);
//設置串列傳輸速率為 9600 bps，這裏要跟 Sketch IDE 整合開發軟體設置一致。
當使用特定設備（如：藍牙）時，我們也要跟其他設備的串列傳輸速率達到一致。
pinMode(ledpin,OUTPUT);
//設置數位接腳 13 為輸出介面，Arduino 上我們用到的 I/O 口都要進行類似這樣的定義。
}
void loop()
{
 	
       if (Serial.available() > 0) {
          // read the incoming byte:
          while (Serial.available() > 0)
           {
              incomingByte = Serial.read();
              Serial.println(incomingByte,HEX);
                //HEXfor arduino display data in Hexicimal format
           }
        }
 	
}

如圖 120 所示，我們可以看到讀取使用者文字顯示十六進位值於 USB 通訊監

控畫面結果畫面。

圖 120 讀取使用者文字顯示十六進位值於 USB 通訊監控畫面結果畫面

讀取使用者文字顯示八進位值於 USB 通訊監控畫面

如果使用者想要輸入一段字，讓 Arduino 開發板顯示這些字的 ASC II 八進位值，本實驗仍只需要一塊 Arduino 開發板與 USB 下載線的簡單實驗。

首先，我要讓 Arduino 開發板讀取 USB 下載線，在開發所用的個人電腦上使用 Arduino 開發板的開發工具：Sketch IDE 整合開發軟體，在圖 121 USB 通訊監控畫面之顯示於 USB 通訊監控畫面印出使用者輸入的資料，這也是一個入門試驗，希望可以帶領大家進入與 Arduino 開發板溝通的世界。

圖 121 USB 通訊監控畫面

如圖 122.所示，這個實驗我們需要用到的實驗硬體有圖 122.(a)的 Arduino Mega 2560 與圖 122.(b) USB 下載線：

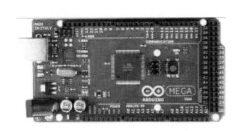

(a).Arduino Mega 2560

(b). USB 下載線

圖 122 讀取 Serial Port 所需材料表

我們遵照前幾章所述，將 Arduino 開發板的驅動程式安裝好之後，我們打開

Arduino 開發板的開發工具：Sketch IDE 整合開發軟體，編寫一段程式，如表 17 所示之讀取使用者文字顯示八進位值於 USB 通訊監控畫面程式，讓 Arduino 以八進位內容方式，顯示 "This is a Book" 的 ASC II 內碼值。

表 17 讀取使用者文字顯示八進位值於 USB 通訊監控畫面

讀取使用者文字顯示八進位值於 USB 通訊監控畫面(Read_String2OCT)
int val;//定義變數 val

```
int val;//定義變數 val
int ledpin=13;//定義 Led pin13
int incomingByte = 0;      // for incoming serial data

void setup()
{
Serial.begin(9600);
//設置串列傳輸速率為 9600 bps，這裏要跟 Sketch IDE 整合開發軟體設置一致。
當使用特定設備（如：藍牙）時，我們也要跟其他設備的串列傳輸速率達到一
致。
pinMode(ledpin,OUTPUT);
//設置數位接腳 13 為輸出介面，Arduino 上我們用到的 I/O 口都要進行類似這樣
的定義。
}
void loop()
{

        if (Serial.available() > 0) {
                // read the incoming byte:
                while (Serial.available() > 0)
                  {
                        incomingByte = Serial.read();
                        Serial.println(incomingByte,OCT);
                                //OCT for arduino display data in OCT format
                  }
            }


}
```

如圖 123 所示，我們可以看到讀取使用者文字顯示八進位值於 USB 通訊監控畫面結果畫面。

圖 123 讀取使用者文字顯示八進位值於 USB 通訊監控畫面結果畫面

章節小結

本章主要介紹如何將程式偵錯的資料，透過 Arduino 開發板來顯示與回饋等基礎實驗。

CHAPTER

基本模組

    Arduino 開發板最強大的不只是它的簡單易學的開發工具，最強大的是它豐富的周邊模組與簡單易學的模組函式庫，幾乎 Maker 想到的東西，都有廠商或 Maker 開發它的周邊模組，透過這些周邊模組，Maker 可以輕易的將想要完成的東西用堆積木的方式快速建立，而且最強大的是這些周邊模組都有對應的函式庫，讓 Maker 不需要具有深厚的電子、電機與電路能力，就可以輕易駕御這些模組。

    所以本書要介紹市面上最完整、最受歡迎的 37 件 Arduino 模組(如圖 124 所示)，讓讀者可以輕鬆學會這些常用模組的使用方法，進而提升各位 Maker 的實力。

    讀者可以在網路賣家買到本書 37 件 Arduino 模組(如圖 124 所示)，作者列舉一些網路上的賣家：【方塊奇品】Arduino 新版 37 件感測器 (http://goods.ruten.com.tw/item/show?21301099191231)、【鈺瀚網舖】KEYES 正品 37 款感測器套件 for Arduino(http://goods.ruten.com.tw/item/show?21405065029082)、<微控科技> Arduino 傳感器 感測器 37 件套 (http://goods.ruten.com.tw/item/show?21207017141590)、機械人 DIY 柑仔店 Arduino 37 款傳感器套件(http://goods.ruten.com.tw/item/show?21441455616177)、《德源科技》Arduino 傳感器 感測器 37 件套(http://goods.ruten.com.tw/item/show?21452105416124)、[MS] Ar-duino 傳感器 感測器 37 種套件(http://goods.ruten.com.tw/item/show?21452117794766)、arduino 37 款 感測器套件(http://goods.ruten.com.tw/item/show?21305118109832)、良興購物網(http://www.eclife.com.tw/)、天瓏網路書店：Arduino 感測器 37 件組 (附範例程式光碟)(https://www.tenlong.com.tw/items/10240526501?item_id=586224)...等等，讀者可以在實體店面或網路賣家逐一比價後，自行購買之。

圖 124 常見之 37 件 Arduino 模組

由於本書直接進入 Arduino 模組的介紹與使用，對於基本電路與用法，讀者可以參閱拙作『Arduino 程式教學(入門篇):Arduino Programming (Basic Skills & Tricks)』(曹永忠, 許智誠, & 蔡英德, 2015a)、『Arduino 編程教学(入门篇):Arduino Programming (Basic Skills & Tricks)』(曹永忠, 許智誠, & 蔡英德, 2015b)來學習基礎 Arduino 的寫作能力。有興趣讀者可到 Google Books (https://play.google.com/store/books/author?id=曹永忠) & Google Play (https://play.google.com/store/books/author?id=曹永忠) 或 Pubu 電子書城(http://www.pubu.com.tw/store/ultima) 購買該書閱讀之。

雙色 LED 模組

使用 Led 發光二極體是最普通不過的事，我們本節介紹雙色 LED 模組(如圖 125所示)，它主要是使用雙色 Led 發光二極體，雙色 Led 發光二極體有兩種，一種是共陽極、另一種是共陰極。

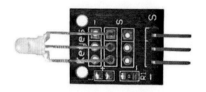

圖 125 雙色 LED 模組

本實驗是共陽極的用雙色 Led 發光二極體，如圖 126 所示，先參考雙色 Led 發光二極體的腳位接法，在遵照表 18 之雙色 LED 模組接腳表進行電路組裝。

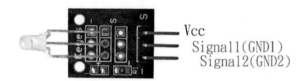

圖 126 雙色 LED 模組腳位圖

表 18 雙色 LED 模組接腳表

接腳	接腳說明	Arduino 開發板接腳
S	Vcc 共陽極	電源（+5V）Arduino +5V
2	Signal1 第二種顏色陰極	Arduino digital output pin 7
3	Signal2 第二種顏色陰極	Arduino digital output pin 6

我們遵照前幾章所述，將 Arduino 開發板的驅動程式安裝好之後，我們打開

Arduino 開發板的開發工具：Sketch IDE 整合開發軟體，編寫一段程式，如表 19 所示之雙色 LED 模組測試程式，我們就可以讓雙色 LED 各自變換顏色，甚至可以達到混色的效果。

表 19 雙色 LED 模組測試程式

雙色 LED 模組測試程式(Dual_Led)

```
int Led1pin = 7;        // dual Led Color1 Pin
int Led2pin =6;         // dual Led Color2 Pin
int val;

void setup() {
  pinMode(Led1pin, OUTPUT);
  pinMode(Led2pin, OUTPUT);
  Serial.begin(9600);
}

void loop()
{
for(val=255; val>0; val--)
  {
   analogWrite(Led1pin, val);
   analogWrite(Led2pin, 255-val);
   delay(15);
  }
for(val=0; val<255; val++)
  {
   analogWrite(Led1pin, val);
   analogWrite(Led2pin, 255-val);
   delay(15);
  }
  Serial.println(val, DEC);
}
```

讀者也可以在作者 YouTube 頻道(https://www.youtube.com/user/UltimaBruce)中，

在網址 https://www.youtube.com/watch?v=-tNR3PxAlG0&feature=youtu.be，看到本次

實驗-雙色 LED 模組測試程式結果畫面。

當然、如圖 127 所示，我們可以看到雙色 LED 模組測試程式結果畫面。

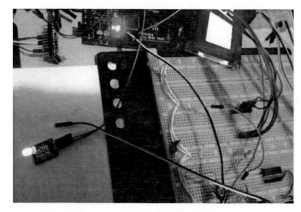

圖 127 雙色 LED 模組測試程式結果畫面

全彩 LED 模組

使用 Led 發光二極體是最普通不過的事，我們本節介紹全彩 RGB LED 模組(如圖 128 所示)，它主要是使用全彩 RGB LED 發光二極體，RGB Led 發光二極體有兩種，一種是共陽極、另一種是共陰極。

圖 128 全彩 RGB LED 模組

本實驗是共陰極的 RGB Led 發光二極體，如圖 129 所示，先參考全彩 RGB LED 模組的腳位接法，在遵照表 20 之雙色 LED 模組接腳表進行電路組裝。

圖 129 全彩 LED 模組腳位圖

資料來源：凱斯電子(http://goods.ruten.com.tw/item/show?21439325895023)

表 20 全彩 RGB LED 模組接腳表

接腳	接腳說明	Arduino 開發板接腳
S	共陰極	共地 Arduino GND
2	第一種顏色陽極(Red)	Arduino digital output pin 7
3	第二種顏色陽極(Green)	Arduino digital output pin 6
4	第三種顏色陽極(Blue)	Arduino digital output pin 5

資料來源：凱斯電子(http://goods.ruten.com.tw/item/show?21439325895023)

　　我們遵照前幾章所述，將Arduino 開發板的驅動程式安裝好之後，

我們打開Arduino 開發板的開發工具：Sketch IDE整合開發軟體，編寫一

段程式，如表 21所示之雙色LED模組測試程式，我們就可以讓RGB LED

各自變換顏色，甚至用混色的效果達到全彩的效果。

表 21 全彩 RGB LED 模組測試程式

雙色 LED 模組測試程式(RGB_Led)

```
int LedRpin = 7;      // dual Led Color1 Pin
int LedGpin =6;       // dual Led Color2 Pin
int LedBpin =5;       // dual Led Color3 Pin
int i,j,k;

void setup() {
  pinMode(LedRpin, OUTPUT);
  pinMode(LedGpin, OUTPUT);
  pinMode(LedBpin, OUTPUT);
  Serial.begin(9600);
}

void loop()
{
for(i=0; i<255; i++)
  {
    for(j=0; j<255; j++)
      {
        for(k=0; k<255; k++)
          {
            analogWrite(LedRpin, i);
            analogWrite(LedGpin, j);
            analogWrite(LedBpin, k);
          }
      }

  }

}
```

讀者也可以在作者YouTube頻道

(https://www.youtube.com/user/UltimaBruce)中，在網址

https://www.youtube.com/watch?v=uVNTI_CmgQA&feature=youtu.be，看到

本次實驗-全彩RGB LED模組測試程式結果畫面。

　　當然、如圖 130所示，我們可以看到全彩RGB LED模組測試程式結果畫面。

圖 130 全彩 RGB LED 模組測試程式結果畫面

七彩自動閃爍 LED 模組

　　使用Led發光二極體是最普通不過的事，我們本節介七彩自動閃爍LED模組(如圖 131所示)，它主要是使用RGB Led發光二極體，所不同的是，它無法控制該彩色發光二極體的顏色，但是只要給它簡單的5V電源，它就會自動七彩顏色自動變化與閃爍。

圖 131 七彩自動閃爍 LED 模組

本實驗是七彩自動閃爍 LED，如圖 131、圖 132 所示，先參考七彩自動閃爍 LED 模組的腳位接法，在遵照表 22 之七彩自動閃爍 LED 模組接腳表進行電路組裝。

圖 132 七彩自動閃爍 LED 接腳圖

表 22 七彩自動閃爍 LED 模組接腳表

接腳	接腳說明	Arduino 開發板接腳
S	GND	共地 Arduino GND
2	Vcc	Arduino digital output pin 7

我們遵照前幾章所述，將 Arduino 開發板的驅動程式安裝好之後，我們打開 Arduino 開發板的開發工具：Sketch IDE 整合開發軟體，編寫一段程式，如表 23 所示之七彩自動閃爍 LED 模組測試程式，我們就可以讓之七彩自動閃爍 LED 各自變

換顏色，甚至可以達到全彩顏色的效果。

表 23 七彩自動閃爍 LED 模組測試程式

七彩自動閃爍 LED 模組測試程式(Color_Blink)

```
void setup() {
  // initialize the digital pin as an output.
  // Pin 13 has an LED connected on most Arduino boards:
  pinMode(7, OUTPUT);
}

void loop() {
  digitalWrite(7, HIGH);      // set the LED on
  delay(5000);                    // wait for a second
  digitalWrite(7, LOW);       // set the LED off
  delay(1000);                    // wait for a second
}
```

　　讀者也可以在作者 YouTube 頻道(https://www.youtube.com/user/UltimaBruce)中，

在網址 https://www.youtube.com/watch?v=p8SIx4AhsdY&feature=youtu.be，看到本次實驗

-七彩自動閃爍 LED 模組測試程式結果畫面。

　　當然、如圖 133 所示，我們可以看到七彩自動閃爍 LED 模組測試程式結果畫

面。

圖 133 七彩自動閃爍 LED 模組測試程式結果畫面

紅光雷射模組

有時後我們需要作一些指引的工作，所們常會使用雷射指引器來當作工具，我們本節介紹紅光雷射模組(如圖 134 所示)，它主要是使用紅光雷發光二極體，透過光學鏡片的聚焦產生雷射光直射的效果。

圖 134 紅光雷射模組

本實驗是紅光雷射發光二極體，如圖 135 所示，先紅光雷射模組的腳位接法，在遵照表 24 之紅光雷射模組接腳表進行電路組裝。

圖 135 紅光雷射模組腳位圖

表 24 紅光雷射模組接腳表

接腳	接腳說明	Arduino 開發板接腳
S	GND	共地 Arduino GND
2	Vcc	Arduino digital output pin 7

　我們遵照前幾章所述，將 Arduino 開發板的驅動程式安裝好之後，我們打開 Arduino 開發板的開發工具：Sketch IDE 整合開發軟體，編寫一段程式，如表 25 所示之紅光雷射模組測試程式，我們就可以讓紅光雷射模組發出紅光指引的效果。

表 25 紅光雷射模組測試程式

```
        雙色 LED 模組測試程式(Dual_Led)
int Led1pin = 7;       // dual Led Color1 Pin
int Led2pin =6;        // dual Led Color2 Pin
int val;

void setup() {
  pinMode(Led1pin, OUTPUT);
  pinMode(Led2pin, OUTPUT);
  Serial.begin(9600);
}

void loop()
```

```
{
for(val=255; val>0; val--)
  {
    analogWrite(Led1pin, val);
    analogWrite(Led2pin, 255-val);
    delay(15);
  }
for(val=0; val<255; val++)
  {
    analogWrite(Led1pin, val);
    analogWrite(Led2pin, 255-val);
    delay(15);
  }
  Serial.println(val, DEC);
}
```

　　讀者也可以在作者 YouTube 頻道(https://www.youtube.com/user/UltimaBruce)中，
在網址 https://www.youtube.com/watch?v=qeocTsbsOfc&feature=youtu.be，看到本次實驗
-紅光雷射模組測試程式結果畫面。

　　當然、如圖 136 所示，我們可以看到紅光雷射模組測試程式結果畫面。

圖 136 紅光雷射模組測試程式結果畫面

光敏電阻模組

　　光敏電阻是一種特殊的電阻，簡稱光電阻，又名光導管。它的電阻和光線的強弱有直接關係。光強度增加，則電阻減小；光強度減小，則電阻增大

　　當有光線照射時，電阻內原本處於穩定狀態的電子受到激發，成為自由電子。所以光線越強，產生的自由電子也就越多，電阻就會越小。

- 暗電阻：當電阻在完全沒有光線照射的狀態下（室溫），稱這時的電阻值為暗電阻（當電阻值穩定不變時，例如 1kM 歐姆），與暗電阻相對應的電流為暗電流。

- 亮電阻：當電阻在充足光線照射的狀態下（室溫），稱這時的電阻值為亮電阻（當電阻值穩定不變時，例如 1 歐姆），與亮電阻相對應的電流為亮電流。

- 光電流 = 亮電流 - 暗電流

　　如圖 137 所示，光敏電阻可以讓我們量測燈光強度，使用利用光量的多寡，產生相對電阻阻抗高低，可以用來當開關使用。例如:太陽能庭院燈、迷你小夜燈、光控開關、路燈自動開關...等等都是最佳應用。

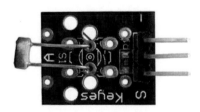

圖 137 光敏電阻模組

　　本實驗是使用光敏電阻模組，由於光敏電阻需要搭配基本量測電路，所以我們使用光敏電阻模組來當實驗主體，並不另外組立基本量測電路，如圖 138 所示，先

參考光敏電阻的腳位接法，在遵照表 26 之光敏電阻模組接腳表進行電路組裝。

圖 138 光敏電阻模組腳位圖

表 26 光敏電阻模組接腳表

接腳	接腳說明	Arduino 開發板接腳
S	Vcc	電源 (+5V) Arduino +5V
2	GND	Arduino GND
3	Signal	Arduino analog pin A1

我們遵照前幾章所述，將 Arduino 開發板的驅動程式安裝好之後，我們打開 Arduino 開發板的開發工具：Sketch IDE 整合開發軟體，編寫一段程式，如表 27 所示之光敏電阻模組測試程式，我們就可以透過光敏電阻模組來量測週邊光線的強度。

表 27 光敏電阻模組測試程式

光敏電阻模組測試程式(Photoresistor)
int sensorPin=1;
int value=0;

```
void setup()

{

Serial.begin(9600);

}

void loop()

{

value=analogRead(sensorPin);

Serial.println(value, DEC);

delay(100);

}
```

如圖 139 所示，我們可以看到光敏電阻模組測試程式結果畫面。

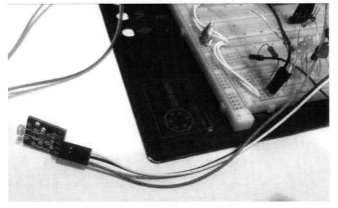

圖 139 光敏電阻模組測試程式結果畫面

水銀開關模組

水銀開關就是在密封的玻璃管內部裝有一滴液態水銀，玻璃管一端延伸出兩支相臨的接腳，本身並無接觸，呈現不導通狀態,當玻璃管向下傾斜,流體的水銀會覆蓋於兩支接腳之上，藉著水銀形成導通狀態(如圖 140 所示，)(曹永忠 et al., 2015a, 2015b)。

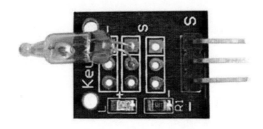

圖 140 水銀開關模組

本實驗是使用水銀開關模組，由於水銀開關需要搭配基本量測電路，所以我們使用水銀開關模組來當實驗主體，並不另外組立基本量測電路，如圖 141 所示，先參考水銀開關的腳位接法，在遵照表 28 之水銀開關模組接腳表進行電路組裝。

圖 141 水銀開關模組腳位圖

表 28 水銀開關模組接腳表

接腳	接腳說明	Arduino 開發板接腳
S	Vcc	電源 (+5V) Arduino +5V
2	GND	Arduino GND
3	Signal	Arduino digital pin 7

S	Led +	Arduino digital pin 6
2	Led -	Arduino GND

接腳	接腳說明	接腳名稱
1	Ground (0V)	接地 (0V) Arduino GND
2	Supply voltage; 5V (4.7V－5.3V)	電源 (+5V) Arduino +5V
3	Contrast adjustment; through a variable resistor	螢幕對比(0-5V), 可接一顆 1k 電阻, 或使用可變電阻調整適當的對比
4	Selects command register when low; and data register when high	Arduino digital output pin 8
5	Low to write to the register; High to read from the register	Arduino digital output pin 9
6	Sends data to data pins when a high to low pulse is given	Arduino digital output pin 10
7	Data D0	Arduino digital output pin 45
8	Data D1	Arduino digital output pin 43
9	Data D2	Arduino digital output pin 41
10	Data D3	Arduino digital output pin 39
11	Data D4	Arduino digital output pin 37
12	Data D5	Arduino digital output pin 35
13	Data D6	Arduino digital output pin 33
14	Data D7	Arduino digital output pin 31

接腳	接腳說明	Arduino 開發板接腳
15	Backlight V_{cc} (5V)	背光(串接 330 R 電阻到電源)
16	Backlight Ground (0V)	背光(GND)

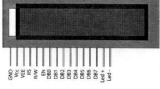

資料來源：Arduino 編程教学(入門篇):Arduino Programming (Basic Skills & Tricks)(曹永忠 et al., 2015b)

我們遵照前幾章所述，將 Arduino 開發板的驅動程式安裝好之後，我們打開 Arduino 開發板的開發工具：Sketch IDE 整合開發軟體，編寫一段程式，如表 29 所示之水銀開關模組測試程式，我們就可以透過水銀開關模組來量測是否有受到移動或撞擊。

表 29 水銀開關模組測試程式

水銀開關模組測試程式(Mercury_sensor)

```
#include <LiquidCrystal.h>
#define DPin 12
#define LedPin 13
#define APin A0

 LiquidCrystal lcd(8, 9, 10, 45, 43, 41,39,37,35,33,31);



void setup()
{
pinMode(LedPin,OUTPUT);//設置數位 IO 腳模式，OUTPUT 為輸出
 pinMode(DPin,INPUT);//定義 digital 為輸入介面
 //pinMode(APin,INPUT);//定義為類比輸入介面
```

```
  Serial.begin(9600);//設定串列傳輸速率為 9600 }

 // set up the LCD's number of columns and rows:
  lcd.begin(16, 2);
  // Print a message to the LCD.
  lcd.print("Guarding");
}
void loop() {
  int val ;
  // set the cursor to column 0, line 1
  // (note: line 1 is the second row, since counting begins with 0):
  lcd.setCursor(0, 1);
  lcd.print("                    ") ;

    val=digitalRead(DPin);//讀取 Light 感測器的模擬值
    Serial.println(val);//輸出模擬值，並將其列印出來

    if (val ==1)
    {
            lcd.setCursor(0, 1);
           lcd.print("SomeBody Coming");
            digitalWrite(LedPin,HIGH)    ;
    }
    else
    {
            lcd.setCursor(0, 1);
           lcd.print("Ready");
            digitalWrite(LedPin,LOW)    ;
      }

  delay(200);
}
```

　　讀者也可以在作者 YouTube 頻道

(https://www.youtube.com/user/UltimaBruce)中，在網址

<u>https://www.youtube.com/watch?v=J5SULBkZ2p8&feature=youtu.be</u>，看到本

次實驗-水銀開關模組測試程式結果畫面。

當然、如圖 142 所示，我們可以看到水銀開關模組測試程式結果畫

面。

圖 142 水銀開關模組測試程式結果畫面

傾斜開關模組

傾斜開關是用於檢測的上方和下方的水平軸線的設備的運動。傾斜開關開關觸

點通過水平面，打開或關閉來操作設備，當選擇一個傾斜開關，它確保了機構在透

過操作之中，產生一個傾斜角時，會觸動開關。如圖 143 所示，常見使用傾斜開關

如：浮球開關、水處理設備...等等。 (曹永忠 et al., 2015a, 2015b)。

圖 143 傾斜開關模組

本實驗是使用傾斜開關模組，由於傾斜開關需要搭配基本量測電路，所以我們使用傾斜開關模組來當實驗主體，並不另外組立基本量測電路，如圖 144 所示，先參考傾斜開關的腳位接法，在遵照表 30 之傾斜開關接腳表進行電路組裝。

圖 144 傾斜開關模組腳位圖

表 30 傾斜開關模組接腳表

接腳	接腳說明	Arduino 開發板接腳
S	Vcc	電源 (+5V) Arduino +5V
2	GND	Arduino GND
3	Signal	Arduino digital pin 7

S	Led +	Arduino digital pin 6
2	Led -	Arduino GND
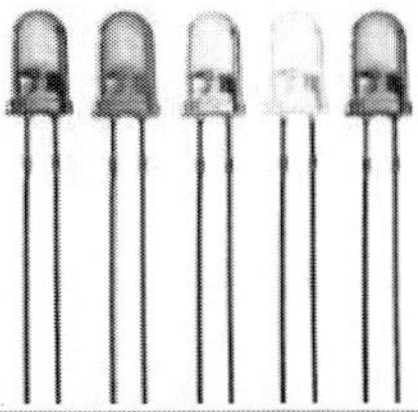		
接腳	接腳說明	接腳名稱

接腳	接腳說明	Arduino 開發板接腳
1	Ground (0V)	接地 (0V) Arduino GND
2	Supply voltage; 5V (4.7V – 5.3V)	電源 (+5V) Arduino +5V
3	Contrast adjustment; through a variable resistor	螢幕對比(0-5V), 可接一顆 1k 電阻, 或使用可變電阻調整適當的對比
4	Selects command register when low; and data register when high	Arduino digital output pin 8
5	Low to write to the register; High to read from the register	Arduino digital output pin 9
6	Sends data to data pins when a high to low pulse is given	Arduino digital output pin 10
7	Data D0	Arduino digital output pin 45
8	Data D1	Arduino digital output pin 43
9	Data D2	Arduino digital output pin 41
10	Data D3	Arduino digital output pin 39
11	Data D4	Arduino digital output pin 37
12	Data D5	Arduino digital output pin 35
13	Data D6	Arduino digital output pin 33
14	Data D7	Arduino digital output pin 31
15	Backlight Vcc (5V)	背光(串接 330 R 電阻到電源)
16	Backlight Ground (0V)	背光(GND)

資料來源：Arduino 編程教学(入门篇):Arduino Programming (Basic Skills & Tricks)(曹永忠 et al., 2015b)

我們遵照前幾章所述，將 Arduino 開發板的驅動程式安裝好之後，我們打開 Arduino 開發板的開發工具：Sketch IDE 整合開發軟體，編寫一段程式，如表 31 所示之傾斜開關模組測試程式，我們就可以透過傾斜開關模組來量測是否有受到移動產生一個傾斜的位移。

表 31 傾斜開關模組測試程式

傾斜開關模組測試程式(Tilt_sensor)

```
#include <LiquidCrystal.h>
#define DPin 7
#define LedPin 6
#define APin A0


 LiquidCrystal lcd(8, 9, 10, 45, 43, 41,39,37,35,33,31);



void setup()
{
pinMode(LedPin,OUTPUT);//設置數位 IO 腳模式，OUTPUT 為輸出
 pinMode(DPin,INPUT);//定義 digital 為輸入介面
 //pinMode(APin,INPUT);//定義為類比輸入介面



  Serial.begin(9600);//設定串列傳輸速率為 9600 }

 // set up the LCD's number of columns and rows:
  lcd.begin(16, 2);
  // Print a message to the LCD.
  lcd.print("Guarding");
}
void loop() {
  int val ;
  // set the cursor to column 0, line 1
  // (note: line 1 is the second row, since counting begins with 0):
  lcd.setCursor(0, 1);
  lcd.print("                 ") ;

   val=digitalRead(DPin);//讀取感測器的值
    Serial.println(val);//輸出模擬值，並將其列印出來

    if (val ==1)
    {
            lcd.setCursor(0, 1);
```

```
               lcd.print("SomeBody Coming");
               digitalWrite(LedPin,HIGH)  ;
      }
      else
      {
               lcd.setCursor(0, 1);
               lcd.print("Ready");
               digitalWrite(LedPin,LOW)   ;
        }

   delay(200);
}
```

讀者也可以在作者 YouTube 頻道(https://www.youtube.com/user/UltimaBruce)中，

在網址 https://www.youtube.com/watch?v=XJ5BuHNN4Ow&feature=youtu.be，看到

本次實驗-傾斜開關模組測試程式結果畫面。

當然、如圖 145 所示，我們可以看到傾斜開關模組測試程式結果畫面。

圖 145 傾斜開關模組測試程式結果畫面

振動開關模組

振動開關模組是用於檢測的所裝置的機構是否有受到振動。它確保了機構在操

作之中，產生一個振動時，會觸動振動開關模組。 (曹永忠 et al., 2015a, 2015b)。

圖 146 傾斜開關模組

本實驗是使用振動開關模組，由於振動開關需要搭配基本量測電路，所以我們使用振動開關模組來當實驗主體，並不另外組立基本量測電路，如圖 147 所示，先參考振動開關模組的腳位接法，在遵照表 32 之振動開關模組接腳表進行電路組裝。

圖 147 振動開關模組腳位圖

表 32 振動開關模組接腳表

接腳	接腳說明	Arduino 開發板接腳
S	Vcc	電源 (+5V) Arduino +5V
2	GND	Arduino GND
3	Signal	Arduino digital pin 7

接腳	接腳說明	Arduino 開發板接腳
S	Led +	Arduino digital pin 6
2	Led -	Arduino GND

接腳	接腳說明	接腳名稱
1	Ground (0V)	接地 (0V) Arduino GND
2	Supply voltage; 5V (4.7V – 5.3V)	電源 (+5V) Arduino +5V
3	Contrast adjustment; through a variable resistor	螢幕對比(0-5V), 可接一顆 1k 電阻，或使用可變電阻調整適當的對比
4	Selects command register when low; and data register when high	Arduino digital output pin 8
5	Low to write to the register; High to read from the register	Arduino digital output pin 9
6	Sends data to data pins when a high to low pulse is given	Arduino digital output pin 10
7	Data D0	Arduino digital output pin 45
8	Data D1	Arduino digital output pin 43
9	Data D2	Arduino digital output pin 41
10	Data D3	Arduino digital output pin 39
11	Data D4	Arduino digital output pin 37
12	Data D5	Arduino digital output pin 35
13	Data D6	Arduino digital output pin 33
14	Data D7	Arduino digital output pin 31
15	Backlight Vcc (5V)	背光(串接 330 R 電阻到電源)
16	Backlight Ground (0V)	背光(GND)

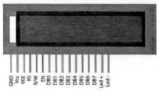

資料來源：Arduino 編程教学(入门篇):Arduino Programming (Basic Skills & Tricks)(曹永忠 et al., 2015b)

我們遵照前幾章所述，將 Arduino 開發板的驅動程式安裝好之後，我們打開

Arduino 開發板的開發工具：Sketch IDE 整合開發軟體，編寫一段程式，如表 33 所

示之振動開關模組測試程式，我們就可以透過振動開關模組來量測是否有受到振動。

表 33 振動開關模組測試程式

振動開關模組測試程式(vibration_sensor)

```
#include <LiquidCrystal.h>
#define DPin 7
#define LedPin 6
#define APin A0

  LiquidCrystal lcd(8, 9, 10, 45, 43, 41,39,37,35,33,31);

    int val = 0 ;
   int oldval =-1    ;
void setup()
{
pinMode(LedPin,OUTPUT);//設置數位 IO 腳模式，OUTPUT 為 Output
 pinMode(DPin,INPUT);//定義 digital 為輸入介面
 //pinMode(APin,INPUT);//定義為類比輸入介面


   Serial.begin(9600);//設定串列傳輸速率為 9600 }

  // set up the LCD's number of columns and rows:
  lcd.begin(16, 2);
  // Print a message to the LCD.
  lcd.print("Vibration Sensor ");
}
void loop() {

  // set the cursor to column 0, line 1
  // (note: line 1 is the second row, since counting begins with 0):
```

```
val=digitalRead(DPin);//讀取感測器的值
Serial.print(oldval);//輸出模擬值,並將其列印出來
Serial.print("/");//輸出模擬值,並將其列印出來
Serial.print(val);//輸出模擬值,並將其列印出來
Serial.print("\n");//輸出模擬值,並將其列印出來

if (val ==1)
{
        if (val != oldval)
        {
                lcd.setCursor(1, 1);
                  lcd.print("                ") ;
                 lcd.setCursor(1, 1);
                lcd.print("SomeBody Vibration");
                 digitalWrite(LedPin,HIGH)   ;
                    delay(2000);
                   oldval= val ;
        }
}
else
{
        if (val != oldval)
        {
                lcd.setCursor(1, 1);
                lcd.print("                ") ;
               lcd.setCursor(1, 1);
              lcd.print("Ready");
               digitalWrite(LedPin,LOW)   ;
                oldval= val ;
        }
    }


}
```

讀者也可以在作者 YouTube 頻道

（https://www.youtube.com/user/UltimaBruce ）中，在網址

https://www.youtube.com/watch?v=rdlCscE1CAY&feature=youtu.be，看到本

次實驗-振動開關模組測試程式結果畫面。

　　當然、如圖 148 所示，我們可以看到振動開關模組測試程式結果畫

面。

圖 148 振動開關模組測試程式結果畫面

磁簧開關模組

　　磁簧開關(Reed Switch)也稱之為彈簧管，它是一個通過所施加的磁場操作的電

開關。1936 年，貝爾電話實驗室的沃爾特.埃爾伍德（Walter B. Ellwood）發明了磁簧

開關，並於 1940 年 6 月 27 日在美國申請專利，基本型式是將兩片磁簧片密封在玻

璃管內，兩片雖重疊，但中間間隔有一小空隙。當外來磁場時將使兩片磁簧片接觸，

進而導通。 一旦磁體被拉到遠離開關，磁簧開關將返回到其原來的位置

　　磁簧開關的工作原理 非常簡單，兩片端點處重疊的可磁化的簧片(通常由鐵和

鎳這兩種金屬所組成的)密封于一玻璃管中，兩簧片呈交迭狀且間隔有一小段空隙

(僅約幾個微米)，這兩片簧片上的觸點上鍍有層很硬的金屬，通常都是銠和釕，這層

~ 215 ~

硬金屬大大提升了切換次數及產品壽命。玻璃管中裝填有高純度的惰性氣體(如氫氣)，部份幹簧開關為了提升其高壓性能，更會把內部做成真空狀態。

簧片的作用相當與一個磁通導體。在尚未操作時，兩片簧片並未接觸；在通過永久磁鐵或電磁線圈產生的磁場時，外加的磁場使兩片簧片端點位置附近產生不同的極性, 當磁力超過簧片本身的彈力時，這兩片簧片會吸合導通電路；當磁場減弱或消失後,幹簧片由於本身的彈性而釋放,觸面就會分開從而打開電路 (曹永忠 et al., 2015a, 2015b)。

圖 149 磁簧開關模組

本實驗是使用磁簧開關模組，由於磁簧開關需要搭配基本量測電路，所以我們使用磁簧開關模組來當實驗主體，並不另外組立基本量測電路，如圖 150 所示，先參考磁簧開關的腳位接法，在遵照表 34 之磁簧開關模組接腳表進行電路組裝。

圖 150 磁簧開關模組腳位圖

表 34 磁簧開關模組接腳表

接腳	接腳說明	Arduino 開發板接腳
S	Vcc	電源 (+5V) Arduino +5V
2	GND	Arduino GND
3	Signal	Arduino digital pin 7

S	Led +	Arduino digital pin 6
2	Led -	Arduino GND

接腳	接腳說明	接腳名稱
1	Ground (0V)	接地 (0V) Arduino GND
2	Supply voltage; 5V (4.7V – 5.3V)	電源 (+5V) Arduino +5V
3	Contrast adjustment; through a variable resistor	螢幕對比(0-5V), 可接一顆 1k 電阻, 或使用可變電阻調整適當的對比
4	Selects command register when low; and data register when high	Arduino digital output pin 8
5	Low to write to the register; High to read from the register	Arduino digital output pin 9
6	Sends data to data pins when a high to low pulse is given	Arduino digital output pin 10
7	Data D0	Arduino digital output pin 45
8	Data D1	Arduino digital output pin 43
9	Data D2	Arduino digital output pin 41
10	Data D3	Arduino digital output pin 39
11	Data D4	Arduino digital output pin 37
12	Data D5	Arduino digital output pin 35
13	Data D6	Arduino digital output pin 33
14	Data D7	Arduino digital output pin 31
15	Backlight Vcc (5V)	背光(串接 330 R 電阻到電源)

接腳	接腳說明	Arduino 開發板接腳
16	Backlight Ground (0V)	背光(GND)

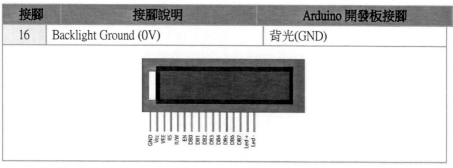

資料來源：Arduino 編程教学(入門篇):Arduino Programming (Basic Skills & Tricks)(曹永忠 et al., 2015b)

我們遵照前幾章所述，將 Arduino 開發板的驅動程式安裝好之後，我們打開 Arduino 開發板的開發工具：Sketch IDE 整合開發軟體，編寫一段程式，如表 35 所示之磁簧開關模組測試程式，我們就可以透過磁簧開關模組來量測是否有受到磁力感應。

表 35 磁簧開關模組測試程式

磁簧開關模組測試程式(Reed_sensor)

```
#include <LiquidCrystal.h>
#define DPin 7
#define LedPin 6
#define APin A0

 LiquidCrystal lcd(8, 9, 10, 45, 43, 41,39,37,35,33,31);


void setup()
{
pinMode(LedPin,OUTPUT);//設置數位 IO 腳模式，OUTPUT 為輸出
 pinMode(DPin,INPUT);//定義 digital 為輸入介面
 //pinMode(APin,INPUT);//定義為類比輸入介面


 Serial.begin(9600);//設定串列傳輸速率為 9600 }
```

```
  // set up the LCD's number of columns and rows:
  lcd.begin(16, 2);
  // Print a message to the LCD.
  lcd.print("Guarding");
}
void loop() {
  int val ;
  // set the cursor to column 0, line 1
  // (note: line 1 is the second row, since counting begins with 0):
  lcd.setCursor(0, 1);
  lcd.print("                    ") ;

    val=digitalRead(DPin);//讀取感測器的值
    Serial.println(val);//輸出模擬值，並將其列印出來

    if (val ==1)
    {
            lcd.setCursor(0, 1);
          lcd.print("SomeBody Coming");
          digitalWrite(LedPin,HIGH)    ;
    }
    else
    {
            lcd.setCursor(0, 1);
          lcd.print("Ready");
          digitalWrite(LedPin,LOW)    ;
      }

  delay(200);
}
```

讀者也可以在作者 YouTube 頻道(https://www.youtube.com/user/UltimaBruce)

中，在網址 https://www.youtube.com/watch?v=J5SULBkZ2p8&feature=youtu.be，

看到本次實驗-磁簧開關模組測試程式結果畫面。

當然、如圖 151 所示，我們可以看到磁簧開關模組測試程式結果畫面。

圖 151 磁簧開關模組測試程式結果畫面

按壓開關模組

使用按壓開關模組是最普通不過的事，我們本節介紹按壓開關模組(如圖 152 所示)，它主要是使用 Mini Switch 作成按壓開關模組。

圖 152 按壓開關模組

本實驗是採用按壓開關模組，如圖 152 所示，由於按壓開關關需要搭配基本量測電路，所以我們使用按壓開關模組來當實驗主體，並不另外組立基本量測電路。

如圖 153 所示，先參考按壓開關的腳位接法，在遵照表 36 之按壓開關模組接腳表進行電路組裝。

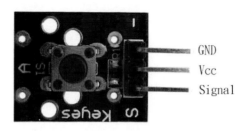

圖 153 按壓開關模組腳位圖

表 36 按壓開關模組接腳表

接腳	接腳說明	Arduino 開發板接腳
S	Vcc	電源 (+5V) Arduino +5V
2	GND	Arduino GND
3	Signal	Arduino digital pin 7

S	Led +	Arduino digital pin 6
2	Led -	Arduino GND

接腳	接腳說明	接腳名稱
1	Ground (0V)	接地 (0V) Arduino GND
2	Supply voltage; 5V (4.7V － 5.3V)	電源 (+5V) Arduino +5V
3	Contrast adjustment; through a variable resistor	螢幕對比(0-5V), 可接一顆 1k 電阻，或使用可變電阻調整適當的對比
4	Selects command register when low; and data register when high	Arduino digital output pin 8

接腳	接腳說明	Arduino 開發板接腳
5	Low to write to the register; High to read from the register	Arduino digital output pin 9
6	Sends data to data pins when a high to low pulse is given	Arduino digital output pin 10
7	Data D0	Arduino digital output pin 45
8	Data D1	Arduino digital output pin 43
9	Data D2	Arduino digital output pin 41
10	Data D3	Arduino digital output pin 39
11	Data D4	Arduino digital output pin 37
12	Data D5	Arduino digital output pin 35
13	Data D6	Arduino digital output pin 33
14	Data D7	Arduino digital output pin 31
15	Backlight V_{cc} (5V)	背光(串接 330 R 電阻到電源)
16	Backlight Ground (0V)	背光(GND)

資料來源： Arduino 編程教学(入门篇):Arduino Programming (Basic Skills & Tricks)(曹永忠 et al., 2015b)

我們遵照前幾章所述，將 Arduino 開發板的驅動程式安裝好之後，我們打開 Arduino 開發板的開發工具：Sketch IDE 整合開發軟體，編寫一段程式，如表 37 所示之按壓開關模組測試程式，我們就可以透過按鈕開關來控制任何電路的開啟與關閉。

表 37 按壓開關模組測試程式

按壓開關模組測試程式(Button_sensor)
#include <LiquidCrystal.h> #define DPin 7

```
#define LedPin 6
#define APin A0

  LiquidCrystal lcd(8, 9, 10, 45, 43, 41,39,37,35,33,31);



void setup()
{
pinMode(LedPin,OUTPUT);//設置數位 IO 腳模式，OUTPUT 為 Output
  pinMode(DPin,INPUT);//定義 digital 為輸入介面
  //pinMode(APin,INPUT);//定義為類比輸入介面



    Serial.begin(9600);//設定串列傳輸速率為 9600 }

  // set up the LCD's number of columns and rows:
  lcd.begin(16, 2);
  // Print a message to the LCD.
  lcd.print("Button Test");
}
void loop() {
  int val ;
  // set the cursor to column 0, line 1
  // (note: line 1 is the second row, since counting begins with 0):
  lcd.setCursor(0, 1);
  lcd.print("                    ") ;

    val=digitalRead(DPin);//讀取感測器的值
    Serial.println(val);//輸出模擬值，並將其列印出來

    if (val ==0)
    {
            lcd.setCursor(0, 1);
          lcd.print("Button Pressed");
           digitalWrite(LedPin,HIGH)   ;
    }
    else
    {
            lcd.setCursor(0, 1);
```

```
            lcd.print("Ready        ");
            digitalWrite(LedPin,LOW)   ;
      }

   delay(200);
}
```

　　讀者也可以在作者 YouTube 頻道

(https://www.youtube.com/user/UltimaBruce)中，在網址

https://www.youtube.com/watch?v=-tNR3PxAlG0&feature=youtu.be，看到本

次實驗-按壓開關模組結果畫面。

　　當然、如圖 154 所示，我們可以看到雙按壓開關模組結果畫面。

圖 154 按壓開關模組結果畫面

按鈕開關模組

使用按鈕開關模組組是最普通不過的事，我們本節介紹按鈕開關模組(如圖 155 所示)，它主要是使用 Button Switch 作成按鈕開關模組。

圖 155 按鈕開關模組

本實驗是採用按鈕開關模組，如圖 155 所示，由於 Button Switch 需要搭配基本量測電路，所以我們使用按鈕開關模組來當實驗主體，並不另外組立基本量測電路。

如圖 156 所示，先參考按壓開關的腳位接法，在遵照表 38 之按鈕開關模組接腳表進行電路組裝。

圖 156 按鈕開關模組腳位圖

表 38 按鈕開關模組接腳表

接腳	接腳說明	Arduino 開發板接腳
S	Vcc	電源 (+5V) Arduino +5V

接腳	接腳說明	Arduino 開發板接腳
2	GND	Arduino GND
3	Signal	Arduino digital pin 7

S	Led +	Arduino digital pin 6
2	Led -	Arduino GND

接腳	接腳說明	接腳名稱
1	Ground (0V)	接地 (0V) Arduino GND
2	Supply voltage; 5V (4.7V − 5.3V)	電源 (+5V) Arduino +5V
3	Contrast adjustment; through a variable resistor	螢幕對比(0-5V), 可接一顆 1k 電阻,或使用可變電阻調整適當的對比
4	Selects command register when low; and data register when high	Arduino digital output pin 8
5	Low to write to the register; High to read from the register	Arduino digital output pin 9
6	Sends data to data pins when a high to low pulse is given	Arduino digital output pin 10
7	Data D0	Arduino digital output pin 45
8	Data D1	Arduino digital output pin 43
9	Data D2	Arduino digital output pin 41
10	Data D3	Arduino digital output pin 39
11	Data D4	Arduino digital output pin 37
12	Data D5	Arduino digital output pin 35
13	Data D6	Arduino digital output pin 33
14	Data D7	Arduino digital output pin 31
15	Backlight V_{cc} (5V)	背光(串接 330 R 電阻到電源)
16	Backlight Ground (0V)	背光(GND)

接腳	接腳說明	Arduino 開發板接腳

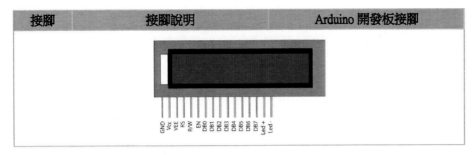

資料來源：Arduino編程教学(入門篇):Arduino Programming (Basic

Skills & Tricks)(曹永忠 et al., 2015b)

我們遵照前幾章所述，將 Arduino 開發板的驅動程式安裝好之後，我們打開 Arduino 開發板的開發工具：Sketch IDE 整合開發軟體，編寫一段程式，如表 39 所示之按鈕開關模組測試程式，我們就可以透過按鈕開關模組來控制任何電路的開啟與關閉。

表 39 按鈕開關模組測試程式

按鈕開關模組測試程式(BigButton_sensor)

```
#include <LiquidCrystal.h>
#define DPin 7
#define LedPin 6
#define APin A0

 LiquidCrystal lcd(8, 9, 10, 45, 43, 41,39,37,35,33,31);


void setup()
{
pinMode(LedPin,OUTPUT);//設置數位 IO 腳模式，OUTPUT 為 Output
 pinMode(DPin,INPUT);//定義 digital 為輸入介面
 //pinMode(APin,INPUT);//定義為類比輸入介面


 Serial.begin(9600);//設定串列傳輸速率為 9600 }
```

```
  // set up the LCD's number of columns and rows:
  lcd.begin(16, 2);
  // Print a message to the LCD.
  lcd.print("Big Button Test");
}
void loop() {
  int val ;
  // set the cursor to column 0, line 1
  // (note: line 1 is the second row, since counting begins with 0):
  lcd.setCursor(0, 1);
  lcd.print("                    ") ;

    val=digitalRead(DPin);//讀取感測器的值
    Serial.println(val);//輸出模擬值，並將其列印出來

    if (val ==0)
    {
            lcd.setCursor(0, 1);
            lcd.print("Big Button Pressed     ");
            digitalWrite(LedPin,HIGH)   ;
    }
    else
    {
            lcd.setCursor(0, 1);
            lcd.print("Ready               ");
            digitalWrite(LedPin,LOW)    ;
      }

  delay(200);
}
```

讀者也可以在作者 YouTube 頻道(https://www.youtube.com/user/UltimaBruce)

中，在網址：https://www.youtube.com/watch?v=0YfBYdI-riE&feature=youtu.be，

看到本次實驗-按鈕開關模組測試程式結果畫面。

當然、如圖 154 所示，我們可以看到按鈕開關模組測試程式結果畫面。

圖 157 按鈕開關模組測試程式結果畫面

章節小結

本章主要介紹如何使用常用模組中較簡單入門的介紹，透過 Arduino 開發板來顯示與回饋等入門的實驗。

CHAPTER

進階模組

本章要介紹 37 件 Arduino 模組(如圖 124 所示)更進階的感測模組,讓讀者可以輕鬆學會這些進階模組的使用方法,進而提升各位 Maker 的實力。

敲擊感測模組

如果我們要製作敲擊樂器,最重要的零件是敲擊感測器,所以本節介紹敲擊感測模組(如圖 158 所示),它主要是使用 Mini Switch 作成按壓開關模組。

圖 158 敲擊感測模組

本實驗是採用敲擊感測模組,如圖 158 所示,由於敲擊感測器需要搭配基本量測電路,所以我們使用敲擊感測模組來當實驗主體,並不另外組立基本量測電路。

如圖 159 所示,先參考敲擊感測模組的腳位接法,在遵照表 40 之按壓開關模組接腳表進行電路組裝。

圖 159 敲擊感測模組腳位圖

表 40 敲擊感測模組接腳表

接腳	接腳說明	Arduino 開發板接腳
S	Vcc	電源 (+5V) Arduino +5V
2	GND	Arduino GND
3	Signal	Arduino digital pin 7

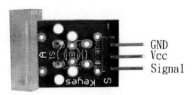

S	Led +	Arduino digital pin 6
2	Led -	Arduino GND

接腳	接腳說明	接腳名稱
1	Ground (0V)	接地 (0V) Arduino GND
2	Supply voltage; 5V (4.7V ～ 5.3V)	電源 (+5V) Arduino +5V
3	Contrast adjustment; through a variable resistor	螢幕對比(0-5V), 可接一顆 1k 電阻, 或使用可變電阻調整適當的對比
4	Selects command register when low; and data register when high	Arduino digital output pin 8

接腳	接腳說明	Arduino 開發板接腳
5	Low to write to the register; High to read from the register	Arduino digital output pin 9
6	Sends data to data pins when a high to low pulse is given	Arduino digital output pin 10
7	Data D0	Arduino digital output pin 45
8	Data D1	Arduino digital output pin 43
9	Data D2	Arduino digital output pin 41
10	Data D3	Arduino digital output pin 39
11	Data D4	Arduino digital output pin 37
12	Data D5	Arduino digital output pin 35
13	Data D6	Arduino digital output pin 33
14	Data D7	Arduino digital output pin 31
15	Backlight Vcc (5V)	背光(串接 330 R 電阻到電源)
16	Backlight Ground (0V)	背光(GND)

資料來源：Arduino 編程教學(入門篇):Arduino Programming (Basic Skills & Tricks)(曹永忠 et al., 2015b)

我們遵照前幾章所述，將 Arduino 開發板的驅動程式安裝好之後，我們打開 Arduino 開發板的開發工具：Sketch IDE 整合開發軟體，編寫一段程式，如表 40 所示之敲擊感測模組測試程式，我們就可以透過敲擊感測模組來偵測任何敲擊的動作。

表 41 敲擊感測模組測試程式

敲擊感測模組測試程式(hit_sensor)
#include <LiquidCrystal.h> #define DPin 7 #define LedPin 6

```
#define APin A0

  LiquidCrystal lcd(8, 9, 10, 45, 43, 41,39,37,35,33,31);

    int val = 0 ;
   int oldval =0   ;
void setup()
{
pinMode(LedPin,OUTPUT);//設置數位 IO 腳模式，OUTPUT 為 Output
 pinMode(DPin,INPUT);//定義 digital 為輸入介面
 //pinMode(APin,INPUT);//定義為類比輸入介面


   Serial.begin(9600);//設定串列傳輸速率為 9600 }

  // set up the LCD's number of columns and rows:
   lcd.begin(16, 2);
   // Print a message to the LCD.
   lcd.print("Hit Sensor Detective");
}
void loop() {

   // set the cursor to column 0, line 1
   // (note: line 1 is the second row, since counting begins with 0):


    val=digitalRead(DPin);//讀取感測器的值
     Serial.print(oldval);//輸出模擬值，並將其列印出來
     Serial.print("/");//輸出模擬值，並將其列印出來
     Serial.print(val);//輸出模擬值，並將其列印出來
     Serial.print("\n");//輸出模擬值，並將其列印出來

     if (val ==1)
     {
            if (val != oldval)
               {
                    lcd.setCursor(1, 1);
                     lcd.print("                    ");
                    lcd.setCursor(1, 1);
```

```
                    lcd.print("SomeBody Coming");
                        digitalWrite(LedPin,HIGH)   ;
                          delay(2000);
                        oldval= val ;
              }
      }
      else
      {
          if (val != oldval)
          {
                lcd.setCursor(1, 1);
                lcd.print("                    ") ;
               lcd.setCursor(1, 1);
             lcd.print("Ready");
               digitalWrite(LedPin,LOW)   ;
                oldval= val ;
          }
      }


}
```

讀者也可以在作者 YouTube 頻道

(https://www.youtube.com/user/UltimaBruce)中，在網址

https://www.youtube.com/watch?v=8qgnNfKcFaM&feature=youtu.be，看到本

次實驗-敲擊感測模組測試程式結果畫面。

當然、如圖 160 所示，我們可以看到敲擊感測模組測試程式結果畫面。

圖 160 敲擊感測模組測試程式結果畫面

光電開關模組(光遮斷感應器)

許多機構都需要偵測是否靠近或是到達那一個定點，用最多的就是使用圖 162
所示之光遮斷感應器(Photo Interrupter)，我們本節介紹光電開關模組(光遮斷感
應器) (如圖 161 所示)，它主要是使用光遮斷感應器作成按壓開關模組。

圖 161 光電開關模組(光遮斷感應器)

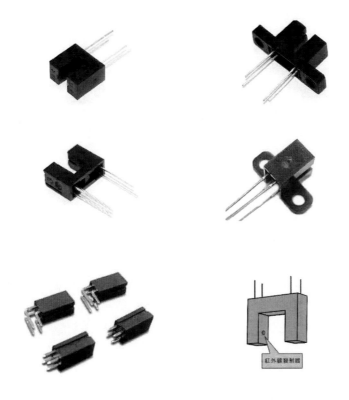

圖 162 光遮斷感應器

本實驗是採用光電開關模組(光遮斷感應器)，如圖 161 所示，由於光遮斷感應器需要搭配基本量測電路(如圖 163 所示)，所以我們使用光電開關模組(光遮斷感應器)來當實驗主體，並不另外組立基本量測電路。

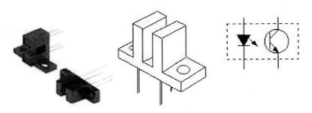

圖 163 光遮斷感應器機構電路圖

如圖 164 所示，先參考光電開關模組(光遮斷感應器腳位接法，在遵照表 42 之
光電開關模組(光遮斷感應器接腳表進行電路組裝。

圖 164 光電開關模組(光遮斷感應器)腳位圖

表 42 光電開關模組(光遮斷感應器)接腳表

接腳	接腳說明	Arduino 開發板接腳
S	Vcc	電源 (+5V) Arduino +5V
2	GND	Arduino GND
3	Signal	Arduino digital pin 7

S	Led +	Arduino digital pin 6
2	Led -	Arduino GND

接腳	接腳說明	接腳名稱
1	Ground (0V)	接地 (0V) Arduino GND
2	Supply voltage; 5V (4.7V － 5.3V)	電源 (+5V) Arduino +5V

接腳	接腳說明	Arduino 開發板接腳
3	Contrast adjustment; through a variable resistor	螢幕對比(0-5V), 可接一顆 1k 電阻，或使用可變電阻調整適當的對比
4	Selects command register when low; and data register when high	Arduino digital output pin 8
5	Low to write to the register; High to read from the register	Arduino digital output pin 9
6	Sends data to data pins when a high to low pulse is given	Arduino digital output pin 10
7	Data D0	Arduino digital output pin 45
8	Data D1	Arduino digital output pin 43
9	Data D2	Arduino digital output pin 41
10	Data D3	Arduino digital output pin 39
11	Data D4	Arduino digital output pin 37
12	Data D5	Arduino digital output pin 35
13	Data D6	Arduino digital output pin 33
14	Data D7	Arduino digital output pin 31
15	Backlight V_{cc} (5V)	背光(串接 330 R 電阻到電源)
16	Backlight Ground (0V)	背光(GND)

資料來源：Arduino編程教學(入門篇):Arduino Programming (Basic Skills & Tricks)(曹永忠 et al., 2015b)

我們遵照前幾章所述，將 Arduino 開發板的驅動程式安裝好之後，我們打開 Arduino 開發板的開發工具：Sketch IDE 整合開發軟體，編寫一段程式，如表 43 所示之光電開關模組(光遮斷感應器)測試程式測試程式，我們就可以透過光電開關模組(光遮斷感應器)來偵測物品進入光遮斷感應器之間。

表 43 光電開關模組(光遮斷感應器)測試程式

光電開關模組(光遮斷感應器)測試程式(Photo_Interrupter)

```
#include <LiquidCrystal.h>
#define DPin 7
#define LedPin 6
#define APin A0

 LiquidCrystal lcd(8, 9, 10, 45, 43, 41,39,37,35,33,31);

   int val = 0 ;
   int oldval =0   ;
void setup()
{
pinMode(LedPin,OUTPUT);//設置數位 IO 腳模式，OUTPUT 為 Output
 pinMode(DPin,INPUT);//定義 digital 為輸入介面
 //pinMode(APin,INPUT);//定義為類比輸入介面


   Serial.begin(9600);//設定串列傳輸速率為 9600 }

 // set up the LCD's number of columns and rows:
  lcd.begin(16, 2);
  // Print a message to the LCD.
  lcd.print("Photo Interrupter");
}
void loop() {

  // set the cursor to column 0, line 1
  // (note: line 1 is the second row, since counting begins with 0):


   val=digitalRead(DPin);//讀取感測器的值
    Serial.print(oldval);//輸出模擬值，並將其列印出來
    Serial.print("/");//輸出模擬值，並將其列印出來
    Serial.print(val);//輸出模擬值，並將其列印出來
    Serial.print("\n");//輸出模擬值，並將其列印出來
```

```
      if (val ==1)
      {
            if (val != oldval)
            {
                  lcd.setCursor(1, 1);
                   lcd.print("                    ") ;
                   lcd.setCursor(1, 1);
                  lcd.print("SomeBody Coming");
                   digitalWrite(LedPin,HIGH)   ;
                      delay(50);
                    oldval= val ;
            }
      }
      else
      {
            if (val != oldval)
            {
                  lcd.setCursor(1, 1);
                  lcd.print("                    ") ;
                  lcd.setCursor(1, 1);
                 lcd.print("Ready");
                  digitalWrite(LedPin,LOW)   ;
                  oldval= val ;
            }
      }



}
```

　　讀 者 也 可 以 在 作 者　YouTube　頻 道
(https://www.youtube.com/user/UltimaBruce　) 中 ， 在 網 址
https://www.youtube.com/watch?v=-tNR3PxAlG0&feature=youtu.be，看到本次

實驗-光電開關模組(光遮斷感應器)結果畫面。

當然、如圖 165 所示，我們可以看到光電開關模組(光遮斷感應器)結果畫面。

圖 165 光電開關模組(光遮斷感應器)結果畫面

有源峰鳴器模組

在許多地方，需要發出嗡鳴聲是非常普遍的事，我們本節介紹有源峰鳴器模組(如圖 166 所示)，它主要是使用峰鳴器作成有源峰鳴器模組。

圖 166 有源峰鳴器模組

本實驗是採用峰鳴器，如圖 166 所示，由於峰鳴器需要搭配基本量測電路，所以我們使用有源峰鳴器模組來當實驗主體，並不另外組立基本量測電路。

如圖 167 所示，先參考有源峰鳴器模組的腳位接法，在遵照表 44 有源峰鳴器模組接腳表之有源峰鳴器模組接腳表進行電路組裝。

圖 167 有源峰鳴器模組腳位圖

表 44 有源峰鳴器模組接腳表

接腳	接腳說明	Arduino 開發板接腳
S	Vcc	電源 (+5V) Arduino +5V
2	GND	Arduino GND
3	Signal	Arduino digital pin 7

我們遵照前幾章所述，將Arduino 開發板的驅動程式安裝好之後，我們打開Arduino 開發板的開發工具：Sketch IDE整合開發軟體，編寫一段程式，如表 45所示之有源峰鳴器模組測試程式，我們就可以使用有源峰鳴器模組來發出嗡鳴聲。

表 45 有源峰鳴器模組測試程式

有源峰鳴器模組測試程式(Buzzer_sensor)

```
#define speakerPin 7                                    //設定喇叭的接腳
為第 8 孔
void setup()
{
    pinMode(speakerPin,OUTPUT)      ;                   //設定喇叭為輸出
}

void loop()
{
    digitalWrite(speakerPin, HIGH);

    delay(3000);                                        //設定喇
叭響的時間

    digitalWrite(speakerPin, LOW);

    delay(1000)       ;                                 //設定喇
叭不響的時間

}
```

　　　　讀者也可以在作者 YouTube 頻道(https://www.youtube.com/user/UltimaBruce)

中，在網址 https://www.youtube.com/watch?v=-nQlo1oJF5M&feature=youtu.be，

看到本次實驗-有源峰鳴器模組測試程式結果畫面。

　　　當然、如圖 154 所示，我們可以看到有源峰鳴器模組測試程式結果畫面。

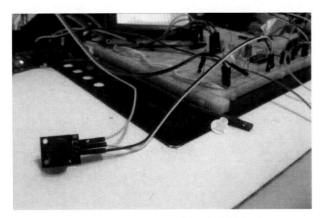

圖 168 有源峰鳴器模組測試程式結果畫面

無源峰鳴器模組

在許多地方，需要發出嗡鳴聲是非常普遍的事，我們在上節介紹有源峰鳴器模組(如圖 166 所示)，但源峰鳴器模組只能發出固定的聲調的嗡鳴聲，我們只能控制發聲的時間長短，如果我們希望發出不同聲調的嗡鳴聲，就無法達到我們的要求，所以本節介紹另一種峰鳴器，可以控制聲調的嗡鳴聲，作成無源峰鳴器模組。

圖 169 無源峰鳴器模組

本實驗是採用峰鳴器，如圖 169 所示，由於峰鳴器需要搭配基本量測電路，所以我們使用無源峰鳴器模組來當實驗主體，並不另外組立基本量測電路。

如圖 170 所示，先參考無源峰鳴器模組的腳位接法，在遵照表 46 之無源峰鳴器模組接腳表進行電路組裝。

圖 170 無源峰鳴器模組腳位圖

表 46 無源峰鳴器模組接腳表

接腳	接腳說明	Arduino 開發板接腳
S	Vcc	電源 (+5V) Arduino +5V
2	GND	Arduino GND
3	Signal	Arduino digital pin 7

我們遵照前幾章所述,將 Arduino 開發板的驅動程式安裝好之後,我們打開 Arduino 開發板的開發工具:Sketch IDE 整合開發軟體,編寫一段程式,如表 47 所示之無源峰鳴器模組測試程式,我們就可以控制無源峰鳴器模組來發出不同聲調嗡鳴聲。

表 47 無源峰鳴器模組測試程式

無源峰鳴器模組測試程式(CtlBuzzer_sensor)

#define speakerPin 7   //設定蜂鳴器接腳為第 7 孔
void setup()
{
    pinMode(speakerPin,OUTPUT);   //設定蜂鳴器為輸出
}

```
void loop()
{

unsigned char i,j;                                        //定義變數
while(1)
  {
    for(i=0;i<80;i++);                                    //發出一個
頻率的聲音
      {
        digitalWrite(speakerPin,HIGH);                   //發出聲音
        delay(1);
//延时 1ms
        digitalWrite(speakerPin,LOW);                    //不發聲音
        delay(1);
//延时 1ms

        for(i=0;i<100;i++);                              //發出
另一個頻率的聲音
        {
          digitalWrite(speakerPin,HIGH);                 //發聲音
          delay(2);
//延时 2ms
          digitalWrite(speakerPin,LOW);                  //不發聲音
          delay(2);
//延时 2ms
        }
      }
  }

}
```

　　讀者也可以在作者 YouTube 頻道

(https://www.youtube.com/user/UltimaBruce)中，在網址

https://www.youtube.com/watch?v=kBAjBHRBiVQ&feature=youtu.be，看到

本次實驗-無源峰鳴器模組測試程式結果畫面。

當然、如圖 154 所示,我們可以看到無源峰鳴器模組測試程式結果畫面。

圖 171 無源峰鳴器模組測試程式結果畫面

溫度感測模組(DS18B20)

許多地方我們都需要量測溫度,所以使用溫度感測模組是最普通不過的事,我們本節介紹溫度感測模組(DS18B20) (如圖 172 所示),它主要是使用 DS18B20 溫度感測器作成溫度感測模組(DS18B20)。

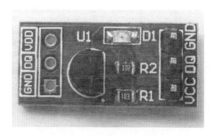

圖 172 溫度感測模組(DS18B20)

DS18B20 溫度感測模組提供 高達 9 位元溫度準確度來顯示物品的溫度。而溫度的資料只需將訊號經過單線串列送入 DS18B20 或從 DS18B20 送出，因此從中央處理器到 DS18B20 僅需連接一條線（和地）(如圖 174 所示)。

DS18B20 溫度感測模組讀、寫和完成溫度變換所需的電源可以由數據線本身提供，而不需要外部電源。因為每一個 DS18B20 溫度感測模組有唯一的系列號（silicon serial number），因此多個 DS18B20 溫度感測模組可以存在於同一條單線總線上。這允許在許多不同的地方放置 DS18B20 溫度感測模組。

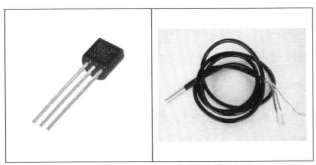

圖 173 DS-18B20 數位溫度感測器

DS-18B20 數位溫度感測器特性介紹

1. DS18B20 的主要特性

● 適應電壓範圍更寬，電壓範圍：3.0～5.5V，在寄生電源方式下可由數 據線供電

● 獨特的單線介面方式，DS18B20 在與微處理器連接時僅需要一條口線即可實現微處理器與 DS18B20 的

2. 雙向通訊

● DS18B20 支援多點組網功能，多個 DS18B20 可以並聯在唯一的三線上，

實現組網多點測溫

- DS18B20 在使用中不需要任何週邊元件，全部傳感元件及轉換電路集成在形如一只三極管的積體電路內

- 可測量溫度範圍為 $-55℃\sim +125℃$，在 $-10\sim +85℃$ 時精度為 $±0.5℃$

- 程式讀取的解析度為 $9\sim 12$ 位元，對應的可分辨溫度分別為 $0.5℃$、$0.25℃$、$0.125℃$ 和 $0.0625℃$，可達到高精度測溫

- 在 9 位元解析度狀態時，最快在 93.75ms 內就可以把溫度轉換為數位資料，在 12 位元解析度狀態時，最快在 750ms 內把溫度值轉換為數位資料，速度更快

- 測量結果直接輸出數位溫度信號，只需要使用一條線路的資料匯流排，使用串列方式傳送給微處理機，並同時可傳送 CRC 檢驗碼，且具有極強的抗干擾除錯能力

- 負壓特性：電源正負極性接反時，晶片不會因發熱而燒毀， 只是不能正常工作。

3. DS18B20 的外形和內部結構

- DS18B20 內部結構主要由四部分組成：64 位元 ROM 、溫度感測器、非揮發的溫度報警觸發器 TH 和 T 配置暫存器。

- DS18B20 的外形及管腳排列如圖 174 所示

4. DS18B20 接腳定義：(如圖 174 所示)

- DQ 為數位資號輸入/輸出端；

- GND 為電源地；

- VDD 為外接供電電源輸入端。

PIN ASSIGNMENT

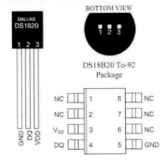

圖 174 DS18B20 腳位一覽圖

　　本實驗是採用溫度感測模組(DS18B20)，如圖 172 所示，先參考圖 175 所示之

溫度感測模組(DS18B20)腳位圖腳，在遵照表 48 之溫度感測模組(DS18B20 接腳表進

行電路組裝。

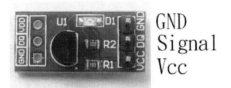

圖 175 溫度感測模組(DS18B20)腳位圖

表 48 溫度感測模組(DS18B20)接腳表

接腳	接腳說明		Arduino 開發板接腳
S	Vcc		電源 (+5V) Arduino +5V
2	GND		Arduino GND
3	Signal		Arduino digital pin 7
接腳	接腳說明		接腳名稱

接腳	接腳說明	Arduino 開發板接腳
1	Ground (0V)	接地 (0V) Arduino GND
2	Supply voltage; 5V (4.7V ~ 5.3V)	電源 (+5V) Arduino +5V
3	Contrast adjustment; through a variable resistor	螢幕對比(0-5V), 可接一顆 1k 電阻, 或使用可變電阻調整適當 的對比
4	Selects command register when low; and data register when high	Arduino digital output pin 8
5	Low to write to the register; High to read from the register	Arduino digital output pin 9
6	Sends data to data pins when a high to low pulse is given	Arduino digital output pin 10
7	Data D0	Arduino digital output pin 45
8	Data D1	Arduino digital output pin 43
9	Data D2	Arduino digital output pin 41
10	Data D3	Arduino digital output pin 39
11	Data D4	Arduino digital output pin 37
12	Data D5	Arduino digital output pin 35
13	Data D6	Arduino digital output pin 33
14	Data D7	Arduino digital output pin 31
15	Backlight Vcc (5V)	背光(串接 330 R 電阻到電源)
16	Backlight Ground (0V)	背光(GND)

資料來源: Arduino 編程教学(入門篇):Arduino Programming (Basic Skills & Tricks)(曹永忠 et al., 2015b)

我們遵照前幾章所述,將 Arduino 開發板的驅動程式安裝好之後,我們打開 Arduino 開發板的開發工具:Sketch IDE 整合開發軟體,編寫一段程式,如表 49 所示之溫度感測模組(DS18B20)測試程式。

表 49 溫度感測模組(DS18B20)測試程式

溫度感測模組(DS18B20)測試程式(DS18B20)

```
#include <LiquidCrystal.h>
#include <OneWire.h>
#include <DallasTemperature.h>
#define ONE_WIRE_BUS 7

  LiquidCrystal lcd(8, 9, 10, 45, 43, 41,39,37,35,33,31);

OneWire oneWire(ONE_WIRE_BUS);
DallasTemperature sensors(&oneWire);

void setup(void)
{
   Serial.begin(9600);
   Serial.println("Temperature Sensor");
     lcd.begin(16, 2);
   // Print a message to the LCD.
   lcd.print("DallasTemperature");

   // 初始化
   sensors.begin();
}

void loop(void)
{
   // 要求匯流排上的所有感測器進行溫度轉換
   sensors.requestTemperatures();

   // 取得溫度讀數（攝氏）並輸出，
   // 參數 0 代表匯流排上第 0 個 1-Wire 裝置
   Serial.println(sensors.getTempCByIndex(0));
   lcd.setCursor(1, 1);
     lcd.print("                 ") ;
    lcd.setCursor(1, 1);
   lcd.print(sensors.getTempCByIndex(0));
```

~ 253 ~

```
    delay(2000);
}
```

　　讀者也可以在作者 YouTube 頻道

(https://www.youtube.com/user/UltimaBruce)中，在網址

https://www.youtube.com/watch?v=HqcWcVTkHKA&feature=youtu.be，看到

本次實驗-溫度感測模組(DS18B20)測試程式結果畫面。

　　當然、如圖 154 所示，我們可以看到溫度感測模組(DS18B20)測試

程式結果畫面。

圖 176 溫度感測模組(DS18B20)測試程式結果畫面

溫度感測模組(LM35)

　　LM35 是很常用且易用的溫度感測器元件，在元器件的應用上也只需要一個

LM35 元件，只利用一個類比介面就可以，將讀取的類比值轉換為實際的溫度，其

接腳的定義，請參考圖 177.(c) LM35 溫度感測器所示。

所需的元器件如下。

- 直插 LM35*1

- 麵包板*1

- 麵包板跳線*1 紮

如圖 177 所示，這個實驗我們需要用到的實驗硬體有圖 177.(a)的 Arduino Mega 2560 與圖 177.(b) USB 下載線、圖 177.(c) LM35 溫度感測器、圖 177.(d).LCD1602 液晶顯示器：

(a).Arduino Mega 2560

(b). USB 下載線

(c).LM35溫度感測器

(d).LCD1602液晶顯示器

圖 177 LM35 溫度感測器所需材料表

表 50 溫度感測模組(LM35)接腳表

接腳	接腳說明	Arduino 開發板接腳
S	Vcc	電源 (+5V) Arduino +5V
2	GND	Arduino GND
3	Signal	Arduino analog pin 0

接腳	接腳說明	Arduino 開發板接腳

接腳	接腳說明	接腳名稱
1	Ground (0V)	接地 (0V) Arduino GND
2	Supply voltage; 5V (4.7V － 5.3V)	電源 (+5V) Arduino +5V
3	Contrast adjustment; through a variable resistor	螢幕對比(0-5V), 可接一顆 1k 電阻，或使用可變電阻調整適當的對比
4	Selects command register when low; and data register when high	Arduino digital output pin 8
5	Low to write to the register; High to read from the register	Arduino digital output pin 9
6	Sends data to data pins when a high to low pulse is given	Arduino digital output pin 10
7	Data D0	Arduino digital output pin 45
8	Data D1	Arduino digital output pin 43
9	Data D2	Arduino digital output pin 41
10	Data D3	Arduino digital output pin 39
11	Data D4	Arduino digital output pin 37
12	Data D5	Arduino digital output pin 35
13	Data D6	Arduino digital output pin 33
14	Data D7	Arduino digital output pin 31
15	Backlight V_{cc} (5V)	背光(串接 330 R 電阻到電源)
16	Backlight Ground (0V)	背光(GND)

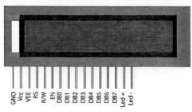

資料來源： Arduino 編程教學(入門篇):Arduino Programming (Basic Skills &

Tricks)(曹永忠 et al., 2015b)

我們遵照前幾章所述，將 Arduino 開發板的驅動程式安裝好之後，我們打開 Arduino 開發板的開發工具：Sketch IDE 整合開發軟體，編寫一段程式，如表 51 所示之 LM35 溫度感測器程式程式，讓 Arduino 讀取 LM35 溫度感測器程式，並把溫度顯示在 Sketch 的監控畫面與 LCD1602 液晶顯示器上。

表 51 LM35 溫度感測器程式

LM35 溫度感測器程式(LM35)

```
// include the library code:
#include <LiquidCrystal.h>
// initialize the library with the numbers of the interface pins
LiquidCrystal lcd(8, 9, 10, 45, 43, 41,39,37,35,33,31);

int potPin = 0; //定義類比介面 0 連接 LM35 溫度感測器
void setup()
{
Serial.begin(9600);//設置串列傳輸速率
  // set up the LCD's number of columns and rows:
   lcd.begin(16, 2);
   // Print a message to the LCD.

}
void loop()
{
int val;//定義變數
int dat;//定義變數
val=analogRead(0);// 讀取感測器的模擬值並賦值給 val
dat=(125*val)>>8;//溫度計算公式
Serial.print("Tep:");//原樣輸出顯示 Tep 字串代表溫度
Serial.print(dat);//輸出顯示 dat 的值
Serial.println("C");//原樣輸出顯示 C 字串
  // set the cursor to column 0, line 1
```

```
    // (note: line 1 is the second row, since counting begins with 0):
    lcd.setCursor(0, 1);
        lcd.print("Tep:");
        lcd.print(dat);
        lcd.print(" .C");
delay(500);//延時 0.5 秒
}
```

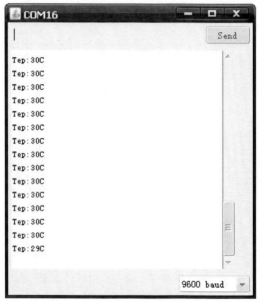

圖 178 LM35 溫度感測器程式結果畫面

類比溫度傳感器模組

　　許多地方我們都需要量測溫度，所以使用溫度感測模組是最普通不過的事，我們本節介紹溫度感測模組 (如圖 172 所示)，它主要是使用溫度感應電組作成溫度感測模組。

圖 179 類比溫度傳感器模組

本實驗是採用類比溫度傳感器模組，如圖 179 所示，先參考圖 180 所示之類比

溫度傳感器模組腳位圖腳，在遵照表 52 之類比溫度傳感器模組接腳表進行電路組

裝。

圖 180 類比溫度傳感器模組腳位圖

表 52 類比溫度傳感器模組接腳表

接腳	接腳說明		Arduino 開發板接腳
S	Vcc		電源 (+5V) Arduino +5V
2	GND		Arduino GND
3	Signal		Arduino analog pin A1

我們遵照前幾章所述，將 Arduino 開發板的驅動程式安裝好之後，我們打開 Arduino 開發板的開發工具：Sketch IDE 整合開發軟體，編寫一段程式，如表 53 所示之類比溫度傳感器模組測試程式。

表 53 類比溫度傳感器模組測試程式

類比溫度傳感器模組測試程式(Temp_sensor)

```
#include <LiquidCrystal.h>
#define DPin 7
#define LedPin 6
#define APin A0

 LiquidCrystal lcd(8, 9, 10, 45, 43, 41,39,37,35,33,31);

   int val = 0 ;
   int val1 = 0 ;
 void setup()
{
pinMode(LedPin,OUTPUT);//設置數位 IO 腳模式，OUTPUT 為 Output
 pinMode(DPin,INPUT);//定義 digital 為輸入介面
 //pinMode(APin,INPUT);//定義為類比輸入介面


   Serial.begin(9600);//設定串列傳輸速率為 9600 }

 // set up the LCD's number of columns and rows:
 lcd.begin(16, 2);
 // Print a message to the LCD.
 lcd.print("Vibration Sensor ");
}
void loop() {

 // set the cursor to column 0, line 1
 // (note: line 1 is the second row, since counting begins with 0):
  val=analogRead(APin);//讀取感測器的值
  val1=digitalRead(DPin);//讀取感測器的值
   Serial.print(val);//輸出模擬值，並將其列印出來
```

```
    Serial.print("/");//輸出模擬值，並將其列印出來
    Serial.print(val1);//輸出模擬值，並將其列印出來
    Serial.print("\n");//輸出模擬值，並將其列印出來

  delay(100);
}
```

當然、如圖 181所示，我們可以看到類比溫度傳感器模組結果畫

面。

圖 181 類比溫度傳感器模組結果畫面

火燄感測器模組

居家最需要注意的事就是注意火融，所以如果能夠使用 Arduino 開發板來做一

個火災警示入門的實驗，本實驗除了一塊 Arduino 開發板與 USB 下載線之外，我們

加入 IR LED 紅外線接收二極體與限流電阻的元件。

使用紅外線接收二極體(IR Led)工作原理

火焰感測器利用紅外線對火焰非常敏感的特點，使用特製的紅外線接收二極體來檢查是否有火焰的存在，然後把火焰的亮度轉化為高低變化的類比訊號，輸入到 Arduino 開發板，Arduino 開發板根據攥寫的程式，根據信號的變化做出相應的程式處理。

實驗原理

在有火焰靠近和沒有火焰靠近兩種情況下，Arduino 開發板的類比接腳 A0，讀到的電壓值是有變化的。

作者用實際用三用電表測量時，在沒有火焰靠近時，類比接腳 A0 讀到的電壓值為 0.5V 左右；當有火焰靠近時，類比接腳 A0 讀到的電壓值為 3.0V 左右，火焰靠近距離越近電壓值越大。

如圖 182 所示，這個實驗我們需要用到的實驗硬體有圖 182.(a)的 Arduino Mega 2560、圖 182.(b) USB 下載線、圖 182.(c) 紅外線接收二極體、圖 182.(d) 4.7k 歐姆電阻來限流電阻，避免電流太大，燒壞 LED 發光二極體、圖 182.(e) 火燄感測模組。

(a).Arduino Mega 2560　　　(b). USB 下載線

(c). 紅外線接收二極體　　(d). 4.7k歐姆電阻　　(e). 火燄感測模組

圖 182 火燄感測器模組所需材料表

　　由於我們並不在特別組立電路，作者使用圖 182.(e)之火燄感測模組，此模組已經將圖 182.(c) 紅外線接收二極體、圖 182.(d) 4.7k 歐姆電阻整合成一個完整的火燄感測模組，並且圖 182.(e)之火燄感測模組內也有可變電阻，可以提供給使用者直接旋轉可變電阻的阻值來設定圖 182.(e)之火燄感測模組對火燄(紅外線)靈敏的程度。

　　我們遵照前幾章所述，將 Arduino 開發板的驅動程式安裝好之後，遵照表 54 之電路圖進行組裝。

表 54 火燄感測器模組接腳表

接腳	接腳說明	接腳名稱
1	Ground (0V)	接地 (0V) Arduino GND
2	Supply voltage; 5V (4.7V – 5.3V)	電源 (+5V) Arduino +5V
3	Contrast adjustment; through a variable resistor	螢幕對比(0-5V), 可接一顆 1k 電阻，或使用可變電阻調整適當的對比
4	Selects command register when low; and data register when high	Arduino digital output pin 8
5	Low to write to the register; High to read from the register	Arduino digital output pin 9
6	Sends data to data pins when a high to low pulse is given	Arduino digital output pin 10
7	Data D0	Arduino digital output pin 45
8	Data D1	Arduino digital output pin 43
9	Data D2	Arduino digital output pin 41
10	Data D3	Arduino digital output pin 39
11	Data D4	Arduino digital output pin 37
12	Data D5	Arduino digital output pin 35

接腳	接腳說明	接腳名稱
13	Data D6	Arduino digital output pin 33
14	Data D7	Arduino digital output pin 31
15	Backlight Vcc (5V)	背光(串接 330 R 電阻到電源)
16	Backlight Ground (0V)	背光(GND)

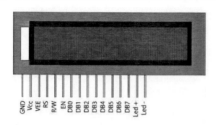

接腳	火餤感測器	Arduino 接腳
1	GND	Arduino GND
2	VCC	Arduino +5V
4	D0	Arduino digital pin 7

S	Led +	Arduino digital pin 6
2	Led -	Arduino GND

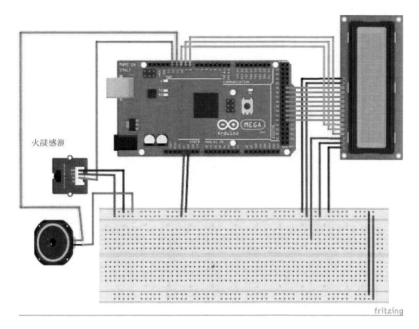

圖 183 火燄感測器模組接腳完成圖

完成組裝後，我們打開 Arduino 開發板的開發工具：Sketch IDE 整合開發軟體，鍵入表 55 之火燄感測器模組測試程式。

表 55 火燄感測器模組測試程式

火燄感測器模組測試程式(flame_sensor)
| ```
#include <LiquidCrystal.h>
#define flameDPin    7
#define LedPin 6
  LiquidCrystal lcd(8, 9, 10, 45, 43, 41,39,37,35,33,31);



void setup()
{
pinMode(LedPin,OUTPUT);
  pinMode(flameDPin,INPUT);


  Serial.begin(9600);//設定串列傳輸速率為 9600 }
``` |
```

```
  // set up the LCD's number of columns and rows:
  lcd.begin(16, 2);
  // Print a message to the LCD.
  lcd.print("Detect Flame");
}
void loop() {
  int val ;
  // set the cursor to column 0, line 1
  // (note: line 1 is the second row, since counting begins with 0):
  lcd.setCursor(0, 1);
  lcd.print("                    ") ;
//    val=digitalRead(flameDPin);//讀取火焰感測器的模擬值
    val=digitalRead(flameDPin);//讀取火焰感測器的模擬值
    Serial.println(val);//輸出模擬值,並將其列印出來

    if (val ==   1)
    {
          lcd.setCursor(0, 1);
          lcd.print("Fire Alarming");
          digitalWrite(LedPin,HIGH) ;
    }
    else
    {
          lcd.setCursor(0, 1);
          lcd.print("Ready");
          digitalWrite(LedPin,LOW) ;
    }

  delay(200);
}
```

讀者也可以在作者YouTube頻道(https://www.youtube.com/user/UltimaBruce)

中,在網址 https://www.youtube.com/watch?v=FxlmxOzLdZ0&feature=youtu.be,

看到本次實驗-火燄感測器模組測試程式結果畫面。

當然、如圖 154 所示,我們可以看到火燄感測器模組測試程式結果畫面。

圖 184 火燄感測器模組測試程式結果畫面

繼電器模組

我們有時後需要作一些電器開關的控制，這時後就需要用到繼電器(Relay)，所以我們建議使用繼電器模組來控制電器開關的開啟或關閉。所以本節介紹繼電器模組(如圖 185 所示)，它主要是使用繼電器(Relay)作成繼電器模組。

圖 185 繼電器模組

本實驗是採用繼電器模組，如圖 185 所示，由於繼電器(Relay)需要搭配基本量測電路，所以我們使用繼電器模組來當實驗主體，並不另外組立基本量測電路。

如圖 186 所示，先參考繼電器模組的腳位接法，在遵照表 40 之繼電器模組接腳表進行電路組裝。

圖 186 繼電器模組腳位圖

表 56 繼電器模組接腳表

接腳	接腳說明	Arduino 開發板接腳
S	Vcc	電源 (+5V) Arduino +5V
2	GND	Arduino GND
3	Signal	Arduino digital pin 7
4	共用	Arduino digital pin 6
5	常開	Led +

S	Led +	繼電器模組-常開端
2	Led -	Arduino GND

接腳	接腳說明	接腳名稱
1	Ground (0V)	接地 (0V) Arduino GND
2	Supply voltage; 5V (4.7V - 5.3V)	電源 (+5V) Arduino +5V
3	Contrast adjustment; through a variable resistor	螢幕對比(0-5V), 可接一顆 1k 電阻, 或使用可變電阻調整適當的對比
4	Selects command register when low; and data register when high	Arduino digital output pin 8
5	Low to write to the register; High to read from the register	Arduino digital output pin 9
6	Sends data to data pins when a high to low pulse is given	Arduino digital output pin 10
7	Data D0	Arduino digital output pin 45

接腳	接腳說明	Arduino 開發板接腳
8	Data D1	Arduino digital output pin 43
9	Data D2	Arduino digital output pin 41
10	Data D3	Arduino digital output pin 39
11	Data D4	Arduino digital output pin 37
12	Data D5	Arduino digital output pin 35
13	Data D6	Arduino digital output pin 33
14	Data D7	Arduino digital output pin 31
15	Backlight V$_{cc}$ (5V)	背光(串接 330 R 電阻到電源)
16	Backlight Ground (0V)	背光(GND)

資料來源： Arduino 編程教學(入門篇):Arduino Programming (Basic Skills & Tricks)(曹永忠 et al., 2015b)

我們遵照前幾章所述，將 Arduino 開發板的驅動程式安裝好之後，我們打開 Arduino 開發板的開發工具：Sketch IDE 整合開發軟體，編寫一段程式，如表 40 所示之繼電器模組測試程式，我們就可以透過繼電器模組來控制電器開關的開啟或關閉，本實驗是點亮 Led 發光二極體。

表 57 繼電器模組測試程式

繼電器模組測試程式(relay_sensor)

```
#include <LiquidCrystal.h>
#define relayDPin    7

 LiquidCrystal lcd(8, 9, 10, 45, 43, 41,39,37,35,33,31);


void setup()
{

 pinMode(relayDPin,OUTPUT);
```

```
    Serial.begin(9600);//設定串列傳輸速率為 9600 }


  // set up the LCD's number of columns and rows:
  lcd.begin(16, 2);
  // Print a message to the LCD.
  lcd.print("Relay Control");
}
void loop() {
  int val ;
  // set the cursor to column 0, line 1
  // (note: line 1 is the second row, since counting begins with 0):
        lcd.setCursor(0, 1);
        lcd.print("                    ") ;
         digitalWrite(relayDPin,HIGH);
        Serial.println("Open Relay & Turn on Led");
            lcd.setCursor(0, 1);
          lcd.print("Turn on Led");
        delay(3000);
//-----------------------------------
        lcd.setCursor(0, 1);
        lcd.print("                    ") ;
         digitalWrite(relayDPin,LOW);
        Serial.println("Open Relay & Turn on Led");
            lcd.setCursor(0, 1);
          lcd.print("Turn off Led");
        delay(1000);


}
```

　　讀者也可以在作者 YouTube 頻道

(https://www.youtube.com/user/UltimaBruce)中，在網址

https://www.youtube.com/watch?v=XCV397VWnDQ&feature=youtu.be，看到

本次實驗-繼電器模組測試程式結果畫面。

當然、如圖 160 所示，我們可以看到繼電器模組測試程式結果畫面。

圖 187 繼電器模組測試程式結果畫面

高感度麥克風模組

如果我們要偵測聲音，最重要的零件是高感度麥克風，所以本節介紹高感度麥克風模組(如圖 188 所示)，它主要是使用高感度麥克風作成高感度麥克風模組。

圖 188 高感度麥克風模組

本實驗是採用高感度麥克風模組，如圖 188 所示，由於高感度麥克風需要搭配基本量測電路，所以我們使用高感度麥克風模組來當實驗主體，並不另外組立基本量測電路。

如圖 189 所示，先參考高感度麥克風模組的腳位接法，在遵照表 58 之高感度麥克風模組接腳表進行電路組裝。

圖 189 高感度麥克風模組腳位圖

表 58 高感度麥克風模組接腳表

接腳	接腳說明	Arduino 開發板接腳
S	Vcc	電源 (+5V) Arduino +5V
2	GND	Arduino GND
3	Signal	Arduino digital pin 7

S	Led +	Arduino digital pin 6
2	Led -	Arduino GND

接腳	接腳說明	接腳名稱
1	Ground (0V)	接地 (0V) Arduino GND
2	Supply voltage; 5V (4.7V – 5.3V)	電源 (+5V) Arduino +5V
3	Contrast adjustment; through a variable resistor	螢幕對比(0-5V), 可接一顆 1k 電阻，或使用可變電阻調整適當的對比
4	Selects command register when low; and data register when high	Arduino digital output pin 8
5	Low to write to the register; High to read from the register	Arduino digital output pin 9
6	Sends data to data pins when a high to low pulse is given	Arduino digital output pin 10
7	Data D0	Arduino digital output pin 45

接腳	接腳說明	Arduino 開發板接腳
8	Data D1	Arduino digital output pin 43
9	Data D2	Arduino digital output pin 41
10	Data D3	Arduino digital output pin 39
11	Data D4	Arduino digital output pin 37
12	Data D5	Arduino digital output pin 35
13	Data D6	Arduino digital output pin 33
14	Data D7	Arduino digital output pin 31
15	Backlight V$_{cc}$ (5V)	背光(串接 330 R 電阻到電源)
16	Backlight Ground (0V)	背光(GND)

資料來源：Arduino 編程教学(入門篇):Arduino Programming (Basic Skills & Tricks)(曹永忠 et al., 2015b)

我們遵照前幾章所述，將 Arduino 開發板的驅動程式安裝好之後，我們打開 Arduino 開發板的開發工具：Sketch IDE 整合開發軟體，編寫一段程式，如表 59 所示之高感度麥克風模組測試程式，我們就可以透過高感度麥克風模組來偵測任何輕微的聲音。

表 59 高感度麥克風模組測試程式

高感度麥克風模組測試程式(sound_sensor)

```
#include <LiquidCrystal.h>
#define DPin 7
#define LedPin 6


LiquidCrystal lcd(8, 9, 10, 45, 43, 41,39,37,35,33,31);

  int val = 0 ;
```

```
   int oldval =-1   ;
void setup()
{
pinMode(LedPin,OUTPUT);//設置數位 IO 腳模式，OUTPUT 為 Output
 pinMode(DPin,INPUT);//定義 digital 為輸入介面
 //pinMode(APin,INPUT);//定義為類比輸入介面


   Serial.begin(9600);//設定串列傳輸速率為 9600 }

 // set up the LCD's number of columns and rows:
  lcd.begin(16, 2);
  // Print a message to the LCD.
  lcd.print("Sound Sensor");
}
void loop() {

  // set the cursor to column 0, line 1
  // (note: line 1 is the second row, since counting begins with 0):


   val=digitalRead(DPin);
   Serial.print(oldval);
   Serial.print("/");
   Serial.print(val);
   Serial.print("\n");

   if (val ==1)
   {
          if (val != oldval)
             {
                  lcd.setCursor(1, 1);
                   lcd.print("                ") ;
                   lcd.setCursor(1, 1);
                  lcd.print("Some Sound");
                   digitalWrite(LedPin,HIGH)   ;
                     delay(2000);
                    oldval= val ;
              }
```

```
        }
    else
    {
        if (val != oldval)
          {
                lcd.setCursor(1, 1);
                lcd.print("                 ") ;
                lcd.setCursor(1, 1);
              lcd.print("Ready");
                digitalWrite(LedPin,LOW)   ;
                oldval= val ;
          }
      }


}
```

　　讀者也可以在作者YouTube頻道

(https://www.youtube.com/user/UltimaBruce)中，在網址

https://www.youtube.com/watch?v=ooZDJ9itMQ4&feature=youtu.be，看到本

次實驗-高感度麥克風模組測試程式結果畫面。

　　當然、如圖 160所示，我們可以看到高感度麥克風模組測試程式

結果畫面。

圖 190 高感度麥克風模組測試程式結果畫面

麥克風模組

如果我們要偵測聲音，最重要的零件是麥克風，所以本節介紹麥克風模組(如圖 188 所示)，它主要是使用麥克風作成麥克風模組。

圖 191 麥克風模組

本實驗是採用麥克風模組，如圖 188 所示，由於麥克風需要搭配基本量測電路，所以我們使用麥克風模組來當實驗主體，並不另外組立基本量測電路。

如圖 189 所示，先參考麥克風模組的腳位接法，在遵照表 58 之麥克風模組接腳表進行電路組裝。

圖 192 麥克風模組腳位圖

表 60 麥克風模組接腳表

接腳	接腳說明	Arduino 開發板接腳
S	Vcc	電源 (+5V) Arduino +5V
2	GND	Arduino GND
3	Signal	Arduino digital pin 7

S	Led +	Arduino digital pin 6
2	Led -	Arduino GND

接腳	接腳說明	接腳名稱
1	Ground (0V)	接地 (0V) Arduino GND
2	Supply voltage; 5V (4.7V – 5.3V)	電源 (+5V) Arduino +5V
3	Contrast adjustment; through a variable resistor	螢幕對比(0-5V), 可接一顆 1k 電阻，或使用可變電阻調整適當的對比
4	Selects command register when low; and data register when high	Arduino digital output pin 8
5	Low to write to the register; High to read from the register	Arduino digital output pin 9
6	Sends data to data pins when a high to low pulse is given	Arduino digital output pin 10
7	Data D0	Arduino digital output pin 45

接腳	接腳說明	Arduino 開發板接腳
8	Data D1	Arduino digital output pin 43
9	Data D2	Arduino digital output pin 41
10	Data D3	Arduino digital output pin 39
11	Data D4	Arduino digital output pin 37
12	Data D5	Arduino digital output pin 35
13	Data D6	Arduino digital output pin 33
14	Data D7	Arduino digital output pin 31
15	Backlight Vcc (5V)	背光(串接 330 R 電阻到電源)
16	Backlight Ground (0V)	背光(GND)

資料來源：Arduino 編程教学(入門篇):Arduino Programming (Basic Skills & Tricks)(曹永忠 et al., 2015b)

我們遵照前幾章所述，將 Arduino 開發板的驅動程式安裝好之後，我們打開 Arduino 開發板的開發工具：Sketch IDE 整合開發軟體，編寫一段程式，如表 59 所示之麥克風模組測試程式，我們就可以透過麥克風模組來偵測任何輕微的聲音。

表 61 麥克風模組測試程式

```
麥克風模組測試程式(mini_sound_sensor)
#include <LiquidCrystal.h>
#define DPin 7
#define LedPin 6


 LiquidCrystal lcd(8, 9, 10, 45, 43, 41,39,37,35,33,31);

   int val = 0 ;
  int oldval =-1   ;
void setup()
```

```
{
pinMode(LedPin,OUTPUT);//設置數位 IO 腳模式，OUTPUT 為 Output
 pinMode(DPin,INPUT);//定義 digital 為輸入介面
 //pinMode(APin,INPUT);//定義為類比輸入介面


  Serial.begin(9600);//設定串列傳輸速率為 9600 }

 // set up the LCD's number of columns and rows:
  lcd.begin(16, 2);
  // Print a message to the LCD.
  lcd.print("Mini Sound Sensor");
}
void loop() {

  // set the cursor to column 0, line 1
  // (note: line 1 is the second row, since counting begins with 0):


   val=digitalRead(DPin);
    Serial.print(oldval);
    Serial.print("/");
    Serial.print(val);
    Serial.print("\n");

    if (val ==1)
    {
          if (val != oldval)
            {
                lcd.setCursor(1, 1);
                 lcd.print("                ") ;
                lcd.setCursor(1, 1);
                lcd.print("Some Sound");
                 digitalWrite(LedPin,HIGH)   ;
                  delay(2000);
                  oldval= val ;

              }
      }
    else
```

```
    {
        if (val != oldval)
        {
            lcd.setCursor(1, 1);
            lcd.print("                    ") ;
            lcd.setCursor(1, 1);
          lcd.print("Ready");
            digitalWrite(LedPin,LOW)   ;
            oldval= val ;
        }
    }


}
```

讀者也可以在作者 YouTube 頻道

(https://www.youtube.com/user/UltimaBruce)中，在網址

https://www.youtube.com/watch?v=_JfaDZ1ZSFg&feature=youtu.be，看到本次

實驗-麥克風模組測試程式結果畫面。

當然、如圖 160 所示，我們可以看到麥克風模組測試程式結果畫面。

圖 193 麥克風模組測試程式結果畫面

溫濕度感測模組(DHT11)

　　如果我們要量測溫度，我們可以使用溫度感測器，如果我們又要量測濕度，我們可以使用量測感測器，這樣我們會需要很多的感測器，所以本節介紹溫濕度感測模組(DHT11)(如圖 194 所示)，它主要是使用 DHT-11 作成溫濕度感測模組(DHT11)。

圖 194 溫濕度感測模組(DHT11)

　　本實驗是採用溫濕度感測模組(DHT11)，如圖 194 所示，由於 DHT-11 溫濕度感測器需要搭配基本量測電路，所以我們使用溫濕度感測模組(DHT11)來當實驗主體，並不另外組立基本量測電路。

　　如圖 195 所示，先參考溫濕度感測模組(DHT11)腳位接法，在遵照表 62 之溫濕度感測模組(DHT11)接腳表進行電路組裝。

圖 195 溫濕度感測模組(DHT11)腳位圖

表 62 溫濕度感測模組(DHT11)接腳表

接腳	接腳說明	Arduino 開發板接腳
S	Vcc	電源 (+5V) Arduino +5V
2	GND	Arduino GND
3	Signal	Arduino digital pin 7

接腳	接腳說明	接腳名稱
1	Ground (0V)	接地 (0V) Arduino GND
2	Supply voltage; 5V (4.7V ~ 5.3V)	電源 (+5V) Arduino +5V
3	Contrast adjustment; through a variable resistor	螢幕對比(0-5V), 可接一顆 1k 電阻，或使用可變電阻調整適當的對比
4	Selects command register when low; and data register when high	Arduino digital output pin 8
5	Low to write to the register; High to read from the register	Arduino digital output pin 9
6	Sends data to data pins when a high to low pulse is given	Arduino digital output pin 10
7	Data D0	Arduino digital output pin 45
8	Data D1	Arduino digital output pin 43
9	Data D2	Arduino digital output pin 41
10	Data D3	Arduino digital output pin 39
11	Data D4	Arduino digital output pin 37

接腳	接腳說明	Arduino 開發板接腳
12	Data D5	Arduino digital output pin 35
13	Data D6	Arduino digital output pin 33
14	Data D7	Arduino digital output pin 31
15	Backlight Vcc (5V)	背光(串接 330 R 電阻到電源)
16	Backlight Ground (0V)	背光(GND)

資料來源：Arduino 編程教學(入門篇):Arduino Programming (Basic Skills & Tricks)(曹永忠 et al., 2015b)

我們遵照前幾章所述，將 Arduino 開發板的驅動程式安裝好之後，我們打開 Arduino 開發板的開發工具：Sketch IDE 整合開發軟體，編寫一段程式，如表 63 所示之溫濕度感測模組(DHT11)測試程式，我們就可以透過溫濕度感測模組(DHT11)來偵測任何溫度與濕度。

表 63 溫濕度感測模組測試程式

溫濕度感測模組測試程式(DHT11_sensor)

```
int DHpin=7;
byte dat[5];

byte read_data()
{
    byte data;
    for(int i=0; i<8;i++)
    {
        if(digitalRead(DHpin)==LOW)
        {
```

```
                    while(digitalRead(DHpin)==LOW);                    //等待
50us
                        delayMicroseconds(30);
//判斷高電位的持續時間，以判定數據是 '0' 還是 '1'

                    if(digitalRead(DHpin)==HIGH)
                        data |=(1<<(7-i));
//高位在前，低位在後

                    while(digitalRead(DHpin) == HIGH);                    //數據
    '1'，等待下一位的接收
                }
        }
        return data;
}

void start_test()
{
        digitalWrite(DHpin,LOW);                                    //拉低總線，發開始
信號
        delay(30);                                                  //延
遲時間要大於 18ms，以便檢測器能檢測到開始訊號；
        digitalWrite(DHpin,HIGH);
        delayMicroseconds(40);                                      //等待感測器響
應；
        pinMode(DHpin,INPUT);
    while(digitalRead(DHpin) == HIGH);
        delayMicroseconds(80);                                      //發出響應，拉低
总线 80us；
        if(digitalRead(DHpin) == LOW);
            delayMicroseconds(80);                                  //線路 80us 後
開始發送數據；

for(int i=0;i<4;i++)                                             //接收溫溼度
數據，校验位不考虑；
        dat[i] = read_data();

        pinMode(DHpin,OUTPUT);
```

```
        digitalWrite(DHpin,HIGH);                              //發送完數
據後釋放線路，等待下一次的開始訊號；
    }


void setup()
{
    Serial.begin(9600);
    pinMode(DHpin,OUTPUT);
}


void loop()
{
    start_test();
    Serial.print("Current humdity = ");
    Serial.print(dat[0], DEC);                                 //顯示濕度的
整數位；
    Serial.print('.');
    Serial.print(dat[1],DEC);                                  //顯示濕度
的小數位；
    Serial.println('%');
    Serial.print("Current temperature = ");
    Serial.print(dat[2], DEC);                                 //顯示溫度的
整數位；
    Serial.print('.');
    Serial.print(dat[3],DEC);                                  //顯示溫度的
小數位；
    Serial.println('C');
    delay(700);
    }
```

當然、如圖 196 所示，我們可以看到溫濕度感測模組測試程式結果畫面。

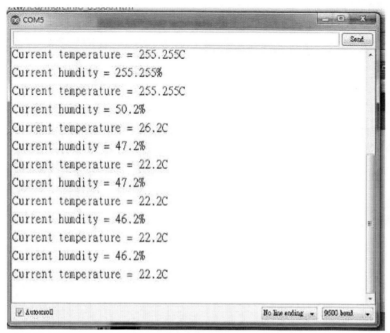

圖 196 溫濕度感測模組測試程式結果畫面

上面的程式我們並沒有使用 DHT11 的函式庫，所以整個程式變的很困難，也很難理解，所以作者寫了另外一版程式來使用 DHT11 的函式庫，使整個程式變的簡單、易學、易懂。

我們打開 Arduino 開發板的開發工具：Sketch IDE 整合開發軟體，編寫一段程式，如表 64 所示之 DHT11 溫濕度感測模組測試程式，我們就可以透過溫濕度感測模組(DHT11)來偵測任何溫度與濕度。

表 64 DHT11 溫濕度感測模組測試程式

DHT11 溫濕度感測模組測試程式(DHT11)
int DHpin=7; byte dat[5];

```
byte read_data()
{
    byte data;
    for(int i=0; i<8;i++)
    {
        if(digitalRead(DHpin)==LOW)
            {

                while(digitalRead(DHpin)==LOW);                      //等待
50us
                    delayMicroseconds(30);
//判斷高電位的持續時間，以判定數據是 '0' 還是 '1'

                    if(digitalRead(DHpin)==HIGH)
                        data |=(1<<(7-i));
//高位在前，低位在後

                    while(digitalRead(DHpin) == HIGH);               //數據
    '1'，等待下一位的接收
            }
    }
    return data;
}

void start_test()
{
    digitalWrite(DHpin,LOW);                                 //拉低總線，發開始
信號
    delay(30);                                                //延
遲時間要大於 18ms，以便檢測器能檢測到開始訊號；
    digitalWrite(DHpin,HIGH);
    delayMicroseconds(40);                                   //等待感測器響
應；
    pinMode(DHpin,INPUT);
  while(digitalRead(DHpin) == HIGH);
    delayMicroseconds(80);                                   //發出響應，拉低
总线 80us；
    if(digitalRead(DHpin) == LOW);
```

```
        delayMicroseconds(80);                          //線路 80us 後
開始發送數據；

for(int i=0;i<4;i++)                                     //接收溫溼度
數據，校驗位不考慮；
    dat[i] = read_data();


    pinMode(DHpin,OUTPUT);
    digitalWrite(DHpin,HIGH);                            //發送完數
據後釋放線路，等待下一次的開始訊號；
  }

void setup()
{
    Serial.begin(9600);
    pinMode(DHpin,OUTPUT);
}

void loop()
{
    start_test();
    Serial.print("Current humdity = ");
    Serial.print(dat[0], DEC);                           //顯示濕度的
整數位；
    Serial.print('.');
    Serial.print(dat[1],DEC);                            //顯示濕度
的小數位；
    Serial.println('%');
    Serial.print("Current temperature = ");
    Serial.print(dat[2], DEC);                           //顯示溫度的
整數位；
    Serial.print('.');
    Serial.print(dat[3],DEC);                            //顯示溫度的
小數位；
    Serial.println('C');
    delay(700);
  }
```

當然、如圖 197 所示，我們可以看到溫濕度感測模組測試程式結果畫面。

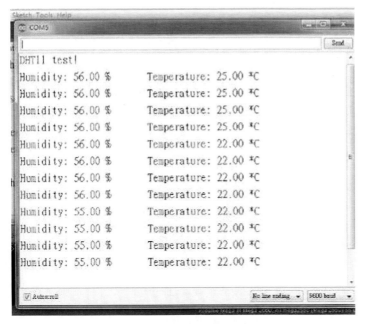

圖 197 DHT11 溫濕度感測模組測試程式結果畫面

人體觸摸感測模組

如果我們要製作人體觸摸感測模組，最重要的零件是人體觸摸感測器，所以本節介紹人體觸摸感測模組(如圖 198 所示)，它主要是使用人體觸摸感測 MPSA13 IC 作成人體觸摸感測模組。

圖 198 人體觸摸感測模組

　　本實驗是採用人體觸摸感測模組，如圖 198 所示，由於人體觸摸感測 MPSA13
IC 需要搭配基本量測電路，所以我們使用人體觸摸感測模組來當實驗主體，並不另
外組立基本量測電路。

　　如圖 199 所示，先參考人體觸摸感測模組的腳位接法，在遵照表 65 之人體觸
摸感測模組接腳表進行電路組裝。

圖 199 人體觸摸感測模組腳位圖

表 65 人體觸摸感測模組接腳表

接腳	接腳說明	Arduino 開發板接腳
S	Vcc	電源 (+5V) Arduino +5V
2	GND	Arduino GND
3	Signal	Arduino digital pin 7

S	Led +	Arduino digital pin 6
2	Led -	Arduino GND

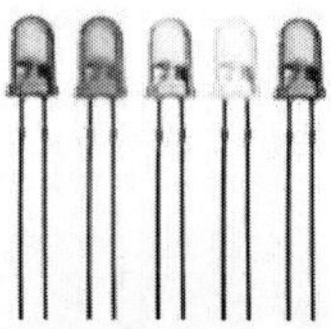

接腳	接腳說明	接腳名稱
1	Ground (0V)	接地 (0V) Arduino GND
2	Supply voltage; 5V (4.7V － 5.3V)	電源 (+5V) Arduino +5V

接腳	接腳說明	Arduino 開發板接腳
3	Contrast adjustment; through a variable resistor	螢幕對比(0-5V), 可接一顆 1k 電阻, 或使用可變電阻調整適當的對比
4	Selects command register when low; and data register when high	Arduino digital output pin 8
5	Low to write to the register; High to read from the register	Arduino digital output pin 9
6	Sends data to data pins when a high to low pulse is given	Arduino digital output pin 10
7	Data D0	Arduino digital output pin 45
8	Data D1	Arduino digital output pin 43
9	Data D2	Arduino digital output pin 41
10	Data D3	Arduino digital output pin 39
11	Data D4	Arduino digital output pin 37
12	Data D5	Arduino digital output pin 35
13	Data D6	Arduino digital output pin 33
14	Data D7	Arduino digital output pin 31
15	Backlight V$_{cc}$ (5V)	背光(串接 330 R 電阻到電源)
16	Backlight Ground (0V)	背光(GND)

資料來源： Arduino 編程教學(入門篇):Arduino Programming (Basic Skills & Tricks)(曹永忠 et al., 2015b)

我們遵照前幾章所述，將 Arduino 開發板的驅動程式安裝好之後，我們打開 Arduino 開發板的開發工具：Sketch IDE 整合開發軟體，編寫一段程式，如表 65 所示之人體觸摸感測模組測試程式，我們就可以透過人體觸摸感測模組來偵測人類觸摸的動作。

表 66 人體觸摸感測模組測試程式

人體觸摸感測模組測試程式(Touch_sensor)

```
#include <LiquidCrystal.h>
#define DPin 7
#define LedPin 6
#define APin A0

  LiquidCrystal lcd(8, 9, 10, 45, 43, 41,39,37,35,33,31);

    int val = 0 ;
  int oldval =-1    ;
void setup()
{
pinMode(LedPin,OUTPUT);//設置數位 IO 腳模式，OUTPUT 為 Output
 pinMode(DPin,INPUT);//定義 digital 為輸入介面
 //pinMode(APin,INPUT);//定義為類比輸入介面


  Serial.begin(9600);//設定串列傳輸速率為 9600 }

// set up the LCD's number of columns and rows:
 lcd.begin(16, 2);
 // Print a message to the LCD.
 lcd.print("Touch Sensor");
}
void loop() {

 // set the cursor to column 0, line 1
 // (note: line 1 is the second row, since counting begins with 0):


   val=digitalRead(DPin);
   Serial.print(oldval);
   Serial.print("/");
   Serial.print(val);
   Serial.print("\n");

   if (val ==1)
```

```
{
        if (val != oldval)
          {
              lcd.setCursor(1, 1);
                lcd.print("                    ") ;
                lcd.setCursor(1, 1);
              lcd.print("SomeBody Touch");
                digitalWrite(LedPin,HIGH)   ;
                  delay(2000);
                  oldval= val ;
          }
    }
    else
    {
        if (val != oldval)
          {
                lcd.setCursor(1, 1);
                lcd.print("                    ") ;
              lcd.setCursor(1, 1);
            lcd.print("Ready");
              digitalWrite(LedPin,LOW)   ;
                oldval= val ;
          }
      }


}
```

讀 者 也 可 以 在 作 者 YouTube 頻 道 (https://www.youtube.com/user/UltimaBruce   ) 中 ， 在 網 址 https://www.youtube.com/watch?v=77RMWyeus34&feature=youtu.be，看到本 次實驗-人體觸摸感測模組測試程式結果畫面。

當然、如圖 160 所示，我們可以看到人體觸摸感測模組測試程式結果畫面。

圖 200 人體觸摸感測模組測試程式結果畫面

人體紅外線感測器(PIR Sensor)

如果我們要偵測生物是否靠近，最簡單的東西就是人體紅外線感測器(PIR Sensor)，所以本節介紹人體觸摸感測模組(如圖 201 所示)，它主要是使用人體觸摸感測 MPSA13 IC 作成人體觸摸感測模組。

圖 201 人體紅外線感測器(PIR Sensor)

紅外線動作感測器(PIR Motion Sensor) (如圖 202 所示)，PIR 全名為 Pyro-electric Infrared Detector，主要用途做為人體紅外線偵測，因為 sensor 外殼有一片多層鍍膜可以阻絕大部分紅外線，只讓溫度接近 36.5 度的波長的紅外線通過，所以適合用來做為人體移動偵測；

圖 202 人體紅外線感測 IC

PIR 主要由是利用物體輻射出紅外線，當紅外線照射到材料上而產生電荷現象，所以取名"焦電型"、"熱電型"紅外線感測器。此人體紅外線感測器是以 TGG（三甘氨酸硫酸鹽或）PZT（汰酸系壓電材料）等強介質所作成的光感測器。電路符號如圖 203 所示。

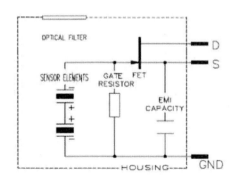

圖 203 紅外線動作感測器電路符號

圖 203 所示的 Sensor elements 可以接收所有波長的紅外線並產生電荷，意謂

sensor 對於所接受的紅外線波長並無選擇性，而解決這個問題的方法是在 Sensor elements 的接收路徑上加上一片濾光片，稱為 optical filter，PIR 能偵測人體，主要是 Optical Filter 對於穿透的波長具選擇性，因為人體的體溫在 36.5℃時會輻射出波長為 10um 的紅外線，而 Optical Filter 設計在波長 7~14um 有 70%以上的穿透率。

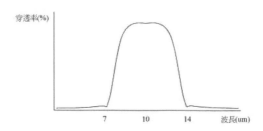

圖 204 紅外線人體感測器穿透力與波長圖

　　PIR 的 Elements 在電路上是呈現成對且極性相反的方式設計，在可視範圍內沒有熱體源移動時，兩組 Element 幾乎沒有感應到紅外線，基本產生的微弱電荷會因為極性的關係互相低消；當熱體源開始進入 PIR 的可視範圍內，一定有一組 Element 會先累積電荷，造成平衡電壓被破壞進而有電壓輸出，熱體源在可視範圍內但保持不動時，Element 亦會感應到而累積一定量的電荷，但因兩組 Element 皆感應相同的熱量，所以累積的電荷亦相同，此時 sensor 繼續保持平衡狀態。

　　本實驗是採用人體紅外線感測器(PIR Sensor)，如圖 201 所示，由於人體觸摸感測 MPSA13 IC 需要搭配基本量測電路，所以我們使用人體觸摸感測模組來當實驗主體，並不另外組立基本量測電路。

　　如圖 199 所示，先參考人體紅外線感測器(PIR Sensor)腳位接法，在遵照表 67 之人體觸摸感測模組接腳表進行電路組裝。

圖 205 人體紅外線感測器(PIR Sensor)接腳圖

表 67 人體紅外線感測器(PIR Sensor)接腳表

接腳	接腳說明	Arduino 開發板接腳
S	Vcc	電源 (+5V) Arduino +5V
2	GND	Arduino GND
3	Signal	Arduino digital pin 7

S	Led +	Arduino digital pin 6
2	Led -	Arduino GND

接腳	接腳說明	接腳名稱
1	Ground (0V)	接地 (0V) Arduino GND
2	Supply voltage; 5V (4.7V – 5.3V)	電源 (+5V) Arduino +5V
3	Contrast adjustment; through a variable re-sistor	螢幕對比(0-5V), 可接一顆 1k 電阻，或使用可變電阻調整適當的對比
4	Selects command register when low; and data register when high	Arduino digital output pin 8

接腳	接腳說明	Arduino 開發板接腳
5	Low to write to the register; High to read from the register	Arduino digital output pin 9
6	Sends data to data pins when a high to low pulse is given	Arduino digital output pin 10
7	Data D0	Arduino digital output pin 45
8	Data D1	Arduino digital output pin 43
9	Data D2	Arduino digital output pin 41
10	Data D3	Arduino digital output pin 39
11	Data D4	Arduino digital output pin 37
12	Data D5	Arduino digital output pin 35
13	Data D6	Arduino digital output pin 33
14	Data D7	Arduino digital output pin 31
15	Backlight V$_{cc}$ (5V)	背光(串接 330 R 電阻到電源)
16	Backlight Ground (0V)	背光(GND)

資料來源：Arduino 編程教学(入门篇):Arduino Programming (Basic Skills & Tricks)(曹永忠 et al., 2015b)

我們遵照前幾章所述，將 Arduino 開發板的驅動程式安裝好之後，我們打開 Arduino 開發板的開發工具：Sketch IDE 整合開發軟體，編寫一段程式，如表 40 所示之人體紅外線感測器(PIR Sensor)測試程式，我們就可以透過人體紅外線感測模組來偵測人類靠近的動作。

表 68 人體紅外線感測器(PIR Sensor)測試程式

人體紅外線感測器(PIR Sensor)測試程式(PIR_sensor)
#include <LiquidCrystal.h> #define DPin 7 #define LedPin 6

```
#define APin A0

 LiquidCrystal lcd(8, 9, 10, 45, 43, 41,39,37,35,33,31);

   int val = 0 ;
  int oldval =-1   ;
void setup()
{
pinMode(LedPin,OUTPUT);//設置數位 IO 腳模式，OUTPUT 為 Output
 pinMode(DPin,INPUT);//定義 digital 為輸入介面
 //pinMode(APin,INPUT);//定義為類比輸入介面


   Serial.begin(9600);//設定串列傳輸速率為 9600 }

 // set up the LCD's number of columns and rows:
  lcd.begin(16, 2);
  // Print a message to the LCD.
  lcd.print("PIR Sensor");
}
void loop() {

 // set the cursor to column 0, line 1
 // (note: line 1 is the second row, since counting begins with 0):


  val=digitalRead(DPin);
   Serial.print(oldval);
   Serial.print("/");
   Serial.print(val);
   Serial.print("\n");

   if (val ==1)
   {
          if (val != oldval)
             {
                   lcd.setCursor(1, 1);
                    lcd.print("                ") ;
                   lcd.setCursor(1, 1);
```

```
                        lcd.print("SomeBody Coming");
                         digitalWrite(LedPin,HIGH)   ;
                          delay(2000);
                         oldval= val ;
                }
       }
       else
       {
            if (val != oldval)
            {
                lcd.setCursor(1, 1);
                lcd.print("                        ") ;
                lcd.setCursor(1, 1);
               lcd.print("Ready");
                digitalWrite(LedPin,LOW)   ;
                 oldval= val ;
            }
        }

}
```

　　讀者也可以在作者 YouTube 頻道

(https://www.youtube.com/user/UltimaBruce)中，在網址

https://www.youtube.com/watch?v=paZW3iBeI-M&feature=youtu.be，看到本次

實驗-人體紅外線感測器(PIR Sensor)測試程式結果畫面。

　　當然、如圖 160 所示，我們可以看到人體紅外線感測器(PIR Sensor)測試程式

結果畫面。

圖 206 人體紅外線感測器(PIR Sensor)測試程式結果畫面

XY 搖桿模組

如果我們同時控制兩個方向的東西，如遊戲時使用搖桿一般，我們需要一個搖桿才能達到我們的要求。所以本節介紹 XY 搖桿模組(如圖 207 所示)，它主要是使用兩個可變電組作成 XY 搖桿模組。

圖 207 XY 搖桿模組

本實驗是採用 XY 搖桿模組，如圖 207 所示，由於 XY 搖桿模組主要零件是可變電阻器(如圖 208 所示)，如果自己組立 XY 搖桿模組，需要搭配基本量測電路，所以我們使用 XY 搖桿模組來當實驗主體，並不另外組立基本量測電路。

圖 208 可變電阻器

如圖 209 所示，先參考 XY 搖桿模組腳位接法，在遵照表 69 之 XY 搖桿模組

接腳表進行電路組裝。

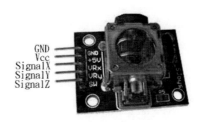

圖 209 XY 搖桿模組腳位圖

表 69 XY 搖桿模組接腳表

接腳	接腳說明	Arduino 開發板接腳
S	Vcc	電源 (+5V) Arduino +5V
2	GND	Arduino GND
3	SignalX	Arduino analog pin A0
	SignalY	Arduino analog pin A1
	SignalZ	Arduino digital pin 7

接腳	接腳說明	Arduino 開發板接腳

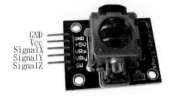

接腳	接腳說明	Arduino 開發板接腳
Led1	Led1 +	Arduino digital pin 6
Led1	Led1 -	Arduino GND
Led2	Led2 +	Arduino digital pin 5
Led2	Led2 -	Arduino GND

接腳	接腳說明	接腳名稱
1	Ground (0V)	接地 (0V) Arduino GND
2	Supply voltage; 5V (4.7V – 5.3V)	電源 (+5V) Arduino +5V
3	Contrast adjustment; through a variable resistor	螢幕對比(0-5V)，可接一顆 1k 電阻，或使用可變電阻調整適當的對比
4	Selects command register when low; and data register when high	Arduino digital output pin 8
5	Low to write to the register; High to read from the register	Arduino digital output pin 9
6	Sends data to data pins when a high to low pulse is given	Arduino digital output pin 10
7	Data D0	Arduino digital output pin 45
8	Data D1	Arduino digital output pin 43
9	Data D2	Arduino digital output pin 41
10	Data D3	Arduino digital output pin 39
11	Data D4	Arduino digital output pin 37
12	Data D5	Arduino digital output pin 35
13	Data D6	Arduino digital output pin 33
14	Data D7	Arduino digital output pin 31
15	Backlight Vcc (5V)	背光(串接 330 R 電阻到電源)
16	Backlight Ground (0V)	背光(GND)

接腳	接腳說明	Arduino 開發板接腳

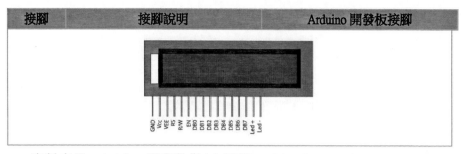

資料來源：Arduino 編程教学(入門篇):Arduino Programming (Basic Skills & Tricks)(曹永忠 et al., 2015b)

我們遵照前幾章所述，將 Arduino 開發板的驅動程式安裝好之後，我們打開 Arduino 開發板的開發工具：Sketch IDE 整合開發軟體，編寫一段程式，如表 70 所示之 XY 搖桿模組測試程式，我們就可以透過 XY 搖桿模組來取得 XY 兩軸的值。

表 70XY 搖桿模組測試程式

XY 搖桿模組測試程式(XYJoystick)

```
#include <LiquidCrystal.h>
#define ZPin 7
#define LedPin1 6
#define LedPin2 5
#define XPin A0
#define YPin A1

 LiquidCrystal lcd(8, 9, 10, 45, 43, 41,39,37,35,33,31);

    int val1 = 0 ;
    int val2 = 0 ;
    int val3 = 0 ;
void setup()
{
pinMode(LedPin1,OUTPUT);//設置數位 IO 腳模式，OUTPUT 為 Output
pinMode(LedPin2,OUTPUT);//設置數位 IO 腳模式，OUTPUT 為 Output
 pinMode(ZPin,INPUT);//定義 digital 為輸入介面
 //pinMode(XPin,INPUT);//定義為類比輸入介面
// pinMode(YPin,INPUT);//定義為類比輸入介面
```

```
  Serial.begin(9600);//設定串列傳輸速率為 9600 }

// set up the LCD's number of columns and rows:
  lcd.begin(16, 2);
  // Print a message to the LCD.
  lcd.print("XY Joystick");
}
void loop()
{

  // set the cursor to column 0, line 1
  // (note: line 1 is the second row, since counting begins with 0):

    val1=analogRead(XPin);
    val2=analogRead(YPin);
    val3=digitalRead(ZPin);
    Serial.print(val1);
    Serial.print("/");
    Serial.print(val2);
    Serial.print("/");
    Serial.print(val3);
    Serial.print("\n");

      lcd.setCursor(1, 1);
        lcd.print("                ") ;
      lcd.setCursor(1, 1);
      lcd.print("X=");
        lcd.print(val1);
      // digitalWrite(val1)   ;
      lcd.print("  Y=");
        lcd.print(val2);
      // digitalWrite(val2)   ;
        lcd.print(" Z=");
        lcd.print(val3);
```

```
//------------
analogWrite(LedPin1,map(val1,0,1023,0,255)) ;
analogWrite(LedPin2,map(val2,0,1023,0,255)) ;
    delay(10);



}
```

讀者也可以在作者 YouTube 頻道(https://www.youtube.com/user/UltimaBruce)

中，在網址 https://www.youtube.com/watch?v=syJuGWbm9jU&feature=youtu.be，

看到本次實驗-XY 搖桿模組測試程式結果畫面。

　　當然、如圖 210 所示，我們可以看到 XY 搖桿模組測試程式結果畫面。

圖 210 XY 搖桿模組測試程式結果畫面

章節小結

本章主要介紹如何使用常用模組中較深入、進階的介紹，透過 Arduino 開發板來作進階實驗。

7
CHAPTER

高階模組

本章要介紹 37 件 Arduino 模組(如圖 124 所示)更深入進階的感測模組，讓讀者可以輕鬆學會這些更進階模組的使用方法，進而提升各位 Maker 的實力。

旋轉編碼器模組

旋轉編碼器（rotary encoder）可將旋轉位置或旋轉量轉變成訊號（類比或數位），透過某種方式（機械、光學、磁力等），得知轉軸轉動了，發出訊號通知我們。可分為絕對型（absolute）及增量型（incremental）或稱為相對型（relative），絕對型將轉軸的不同位置一一編號，然後根據目前位置輸出編號；增量型編碼器則是當轉軸旋轉時輸出變化，轉軸不動就沒有輸出。

旋轉編碼器可通過旋鈕旋轉，轉動過程中輸出脈沖的次數，旋轉圈數是沒有限制的，不像可變電阻會有圈數限制。配合旋轉編碼器模組上的按鍵，可以回覆到初始狀態，即從 0 重新計數。

光電編碼器，是一種通過光電轉換將輸出軸上的機械幾何位移量轉換成脈衝或數位量的感測器。這是目前應用最多的感測器，光電編碼器是由光柵盤和光電檢測裝置組成。光柵盤是在一定直徑的圓板上等分地開通若干個長方形孔。由於光電碼盤與電動機同軸，電動機旋轉時，光柵盤與電動機同速旋轉，經發光二極體等電子元件組成的檢測裝置檢測輸出若干脈衝信號，其原理示意圖如圖 211 所示；通過計算每秒光電編碼器輸出脈衝的個數就能反映當前電動機的轉速。此外，為判斷旋轉方向，碼盤還可提供相位相差 90 度 的兩路脈衝信號

圖 211 光電編碼盤

　　如果我們要偵測旋轉方向，最重要的零件是旋轉編碼器模組，所以本節介紹旋轉編碼器模組(如圖 212 所示)，它主要是使用光電編碼盤(如圖 211 所示)作成旋轉編碼器模組。

圖 212 旋轉編碼器模組

　　本實驗是採用旋轉編碼器模組，如圖 212 所示，由於光電編碼盤(如圖 211 所示)需要搭配基本量測電路，所以我們使用旋轉編碼器模組來當實驗主體，並不另外組立基本量測電路。

　　如圖 213 所示，先參旋轉編碼器模組的腳位接法，在遵照表 71 之旋轉編碼器模組接腳表進行電路組裝。

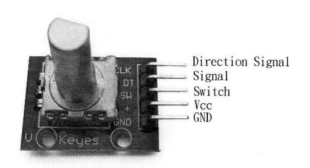

圖 213 旋轉編碼器模組腳位圖

表 71 旋轉編碼器模組接腳表

接腳	接腳說明	Arduino 開發板接腳
S	Vcc	電源 (+5V) Arduino +5V
2	GND	Arduino GND
3	Switch	Arduino digital pin 4
	Signal	Arduino digital pin 3
	Direction Signal	Arduino digital pin 2

1	Ground (0V)	接地 (0V) Arduino GND
2	Supply voltage; 5V (4.7V – 5.3V)	電源 (+5V) Arduino +5V
3	Contrast adjustment; through a variable resistor	螢幕對比(0-5V), 可接一顆 1k 電阻，或使用可變電阻調整適當的對比
4	Selects command register when low; and data register when high	Arduino digital output pin 8
5	Low to write to the register; High to read from the register	Arduino digital output pin 9
6	Sends data to data pins when a high to low pulse is given	Arduino digital output pin 10
7	Data D0	Arduino digital output pin 45
8	Data D1	Arduino digital output pin 43
9	Data D2	Arduino digital output pin 41

接腳	接腳說明	Arduino 開發板接腳
10	Data D3	Arduino digital output pin 39
11	Data D4	Arduino digital output pin 37
12	Data D5	Arduino digital output pin 35
13	Data D6	Arduino digital output pin 33
14	Data D7	Arduino digital output pin 31
15	Backlight V$_{cc}$ (5V)	背光(串接 330 R 電阻到電源)
16	Backlight Ground (0V)	背光(GND)

資料來源： Arduino 編程教学(入門篇):Arduino Programming (Basic Skills & Tricks)(曹永忠 et al., 2015b)

我們遵照前幾章所述，將 Arduino 開發板的驅動程式安裝好之後，我們打開 Arduino 開發板的開發工具：Sketch IDE 整合開發軟體，編寫一段程式，如表 72 所示之旋轉編碼器模組測試程式，我們就可以透過旋轉編碼器模組來偵測任何旋轉的動作。

表 72 旋轉編碼器模組測試程式

旋轉編碼器模組測試程式(rotary_sensor)

```
#include <LiquidCrystal.h>
#define SERIAL_BAUDRATE 9600
#define CLK_PIN 2 // 定義連接腳位
#define DT_PIN 3
#define SW_PIN 4

#define interruptA 0 // UNO 腳位 2 是 interrupt 0，其他板子請見官方網頁

volatile long count = 0;
unsigned long t = 0;
 LiquidCrystal lcd(8, 9, 10, 45, 43, 41,39,37,35,33,31);
```

```
void setup() {
  Serial.begin(SERIAL_BAUDRATE);
  // 當狀態下降時，代表旋轉編碼器被轉動了
  attachInterrupt(interruptA, rotaryEncoderChanged, FALLING);
  pinMode(CLK_PIN, INPUT_PULLUP); // 輸入模式並啟用內建上拉電阻
  pinMode(DT_PIN, INPUT_PULLUP);
  pinMode(SW_PIN, INPUT_PULLUP);
    lcd.begin(16, 2);
  // Print a message to the LCD.
  lcd.print("Rotary Sensor");

}
void loop() {
  if(digitalRead(SW_PIN) == LOW){ // 按下開關，歸零
    count = 0;
    Serial.println("count reset to 0");
      lcd.setCursor(1, 1);
        lcd.print("            ") ;
      lcd.setCursor(1, 1);
      lcd.print("Count reset to 0");

      delay(300);
  }
}
void rotaryEncoderChanged(){ // when CLK_PIN is FALLING
  unsigned long temp = millis();
  if(temp - t < 200) // 去彈跳
    return;
  t = temp;

  // DT_PIN 的狀態代表正轉或逆轉
  count += digitalRead(DT_PIN) == HIGH ? 1 : -1;
  Serial.println(count);
    lcd.setCursor(1, 1);
    lcd.print("            ") ;
  lcd.setCursor(1, 1);
  lcd.print("Counter = ");
```

```
    lcd.print(count);

}
```

參考資料：葉難 Blog(http://yehnan.blogspot.tw/2014/02/arduino.html)

讀者也可以在作者 YouTube 頻道

(https://www.youtube.com/user/UltimaBruce)中，在網址

https://www.youtube.com/watch?v=izj6SNkIeek&feature=youtu.be，看到本次實

驗-旋轉編碼器模組測試程式結果畫面。

　　當然、如圖 214 所示，我們可以看到旋轉編碼器模組測試程式結果畫面。

圖 214 旋轉編碼器模組測試程式結果畫面

紅外線避障感測器模組

　　有時後我們想要偵測前方是否有物品阻礙，可以使用的方法很多，所以本節介

紹紅外線避障感測器模組(如圖 215 所示)。

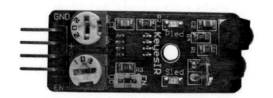

圖 215 紅外線避障感測器模組

本實驗是採用紅外線避障感測器模組,如圖 215 所示,由於紅外線避障感測器模組測試程式需要搭配基本量測電路,所以我們使用紅外線避障感測器模組來當實驗主體,並不另外組立基本量測電路。

如圖 216 所示,先參考紅外線避障感測器模組腳位接法,在遵照表 73 之紅外線避障感測器模組接腳表進行電路組裝。

圖 216 紅外線避障感測器模組腳位圖

表 73 紅外線避障感測器模組接腳表

接腳	接腳說明	Arduino 開發板接腳
S	Vcc	電源 (+5V) Arduino +5V
2	GND	Arduino GND
3	Signal	Arduino digital pin 7
	Enable	Arduino digital pin 6

接腳	接腳說明	Arduino 開發板接腳
Led1	Led1 +	Arduino digital pin 5
Led1	Led1 -	Arduino GND

1	Ground (0V)	接地 (0V) Arduino GND
2	Supply voltage; 5V (4.7V – 5.3V)	電源 (+5V) Arduino +5V
3	Contrast adjustment; through a variable resistor	螢幕對比(0-5V), 可接一顆 1k 電阻，或使用可變電阻調整適當的對比
4	Selects command register when low; and data register when high	Arduino digital output pin 8
5	Low to write to the register; High to read from the register	Arduino digital output pin 9
6	Sends data to data pins when a high to low pulse is given	Arduino digital output pin 10
7	Data D0	Arduino digital output pin 45
8	Data D1	Arduino digital output pin 43
9	Data D2	Arduino digital output pin 41
10	Data D3	Arduino digital output pin 39
11	Data D4	Arduino digital output pin 37
12	Data D5	Arduino digital output pin 35
13	Data D6	Arduino digital output pin 33
14	Data D7	Arduino digital output pin 31
15	Backlight V$_{cc}$ (5V)	背光(串接 330 R 電阻到電源)
16	Backlight Ground (0V)	背光(GND)

資料來源：Arduino 編程教學(入門篇):Arduino Programming (Basic Skills & Tricks)(曹永忠 et al., 2015b)

我們遵照前幾章所述，將 Arduino 開發板的驅動程式安裝好之後，我們打開 Arduino 開發板的開發工具：Sketch IDE 整合開發軟體，編寫一段程式，如表 74 示之紅外線避障感測器模組測試程式，我們就可以透過紅外線避障感測器模組來偵測任前方阻礙的情形。

表 74 紅外線避障感測器模組測試程式

紅外線避障感測器模組測試程式(Block_sensor)

```
#include <LiquidCrystal.h>
#define DPin 7
#define LedPin 5
#define APin A0

 LiquidCrystal lcd(8, 9, 10, 45, 43, 41,39,37,35,33,31);

   int val = 0 ;
  int oldval =-1   ;
void setup()
{
pinMode(LedPin,OUTPUT);//設置數位 IO 腳模式，OUTPUT 為 Output
 pinMode(DPin,INPUT);//定義 digital 為輸入介面
 //pinMode(APin,INPUT);//定義為類比輸入介面


   Serial.begin(9600);//設定串列傳輸速率為 9600 }

 // set up the LCD's number of columns and rows:
  lcd.begin(16, 2);
  // Print a message to the LCD.
  lcd.print("IR Blocking Sensor");
}
void loop() {

  // set the cursor to column 0, line 1
  // (note: line 1 is the second row, since counting begins with 0):
```

```
val=digitalRead(DPin);
Serial.print(oldval);
Serial.print("/");
Serial.print(val);
Serial.print("\n");

if (val ==0)
{
        if (val != oldval)
          {
                lcd.setCursor(1, 1);
                  lcd.print("                    ") ;
                lcd.setCursor(1, 1);
                lcd.print("SomeBody Blcoking");
                digitalWrite(LedPin,HIGH)   ;
                  delay(2000);
                oldval= val ;
          }
}
else
{
        if (val != oldval)
          {
                lcd.setCursor(1, 1);
                lcd.print("                    ") ;
              lcd.setCursor(1, 1);
            lcd.print("Ready");
            digitalWrite(LedPin,LOW)   ;
              oldval= val ;
          }
    }

}
```

讀者也可以在作者 YouTube 頻道

(https://www.youtube.com/user/UltimaBruce)中，在網址

https://www.youtube.com/watch?v=ymsY2uo4nPY&feature=youtu.be，看到本

次實驗-紅外線避障感測器模組測試程式結果畫面。

　　當然、如圖 217 所示，我們可以看到紅外線避障感測器模組測試程式結果畫面。

圖 217 紅外線避障感測器模組測試程式結果畫面

尋跡感測模組

　　尋跡感測模組（Black/White Line Dectector）是在自走車裡面，常常用來偵測地面上的黑線，透過黑線的黑白邊界的色差，尋找邊界的存在與否。

　　如果我們要黑線的黑白邊界，最重要的零件是尋跡感測模組（Black/White Line Dectector），所以本節介紹尋跡感測模組（Black/White Line Dectector)(如圖 218 所示)，它主要是使用紅外線發光二極體發射器與接收器(如圖 219 所示)作成尋跡感測

模組（Black/White Line Dectector）。

圖 218 尋跡感測模組（Black/White Line Dectector）

本實驗是採用旋轉編碼器模組，如圖 218 所示，由於紅外線發光二極體發射器
與接收器(如圖 219 所示))需要搭配基本量測電路，所以我們使用尋跡感測模組
（Black/White Line Dectector）來當實驗主體，並不另外組立基本量測電路。

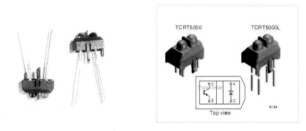

圖 219 紅外線發光二極體發射器與接收器(TCRT5000)

如圖 220 所示，先參考尋跡感測模組（Black/White Line Dectector）腳位接法，
在遵照表 75 之旋轉編碼器模組接腳表進行電路組裝。

圖 220 尋跡感測模組（Black/White Line Dectector）腳位圖

表 75 尋跡感測模組（Black/White Line Dectector）接腳表

接腳	接腳說明	Arduino 開發板接腳
S	Vcc	電源（+5V）Arduino +5V
2	GND	Arduino GND
3	Signal	Arduino digital pin 7

| S | Led + | Arduino digital pin 5 |
| 2 | Led - | Arduino GND |

1	Ground (0V)	接地（0V）Arduino GND
2	Supply voltage; 5V (4.7V – 5.3V)	電源（+5V）Arduino +5V
3	Contrast adjustment; through a variable resistor	螢幕對比(0-5V), 可接一顆 1k 電阻，或使用可變電阻調整適當的對比
4	Selects command register when low; and data register when high	Arduino digital output pin 8
5	Low to write to the register; High to read from the register	Arduino digital output pin 9
6	Sends data to data pins when a high to low pulse is given	Arduino digital output pin 10
7	Data D0	Arduino digital output pin 45
8	Data D1	Arduino digital output pin 43
9	Data D2	Arduino digital output pin 41

接腳	接腳說明	Arduino 開發板接腳
10	Data D3	Arduino digital output pin 39
11	Data D4	Arduino digital output pin 37
12	Data D5	Arduino digital output pin 35
13	Data D6	Arduino digital output pin 33
14	Data D7	Arduino digital output pin 31
15	Backlight Vcc (5V)	背光(串接 330 R 電阻到電源)
16	Backlight Ground (0V)	背光(GND)

資料來源： Arduino 編程教学(入門篇):Arduino Programming (Basic Skills & Tricks)(曹永忠 et al., 2015b)

我們遵照前幾章所述，將 Arduino 開發板的驅動程式安裝好之後，我們打開 Arduino 開發板的開發工具：Sketch IDE 整合開發軟體，編寫一段程式，如表 76 所示之尋跡感測模組（Black/White Line Dectector）測試程式，我們就可以透過尋跡感測模組（Black/White Line Dectector）來偵測任何黑線邊緣。

表 76 尋跡感測模組（Black/White Line Dectector）測試程式

尋跡感測模組（Black/White Line Dectector）試程式(Line_sensor)
| ```
#include <LiquidCrystal.h>
#define DPin 7
#define LedPin 5
#define APin A0

 LiquidCrystal lcd(8, 9, 10, 45, 43, 41,39,37,35,33,31);

   int val = 0 ;
  int oldval =-1   ;
void setup()
{
``` |
```

```
pinMode(LedPin,OUTPUT);//設置數位 IO 腳模式，OUTPUT 為 Output
 pinMode(DPin,INPUT);//定義 digital 為輸入介面
 //pinMode(APin,INPUT);//定義為類比輸入介面


   Serial.begin(9600);//設定串列傳輸速率為 9600 }

 // set up the LCD's number of columns and rows:
  lcd.begin(16, 2);
  // Print a message to the LCD.
  lcd.print("IR Blocking Sensor");
}
void loop() {

  // set the cursor to column 0, line 1
  // (note: line 1 is the second row, since counting begins with 0):


    val=digitalRead(DPin);
    Serial.print(oldval);
    Serial.print("/");
    Serial.print(val);
    Serial.print("\n");

    if (val ==0)
    {
          if (val != oldval)
             {
                   lcd.setCursor(1, 1);
                     lcd.print("                    ") ;
                   lcd.setCursor(1, 1);
                   lcd.print("SomeBody Blocking");
                   digitalWrite(LedPin,HIGH)   ;
                     delay(2000);
                     oldval= val ;
             }
    }
    else
    {
```

```
        if (val != oldval)
        {
            lcd.setCursor(1, 1);
            lcd.print("                    ") ;
            lcd.setCursor(1, 1);
          lcd.print("Ready");
            digitalWrite(LedPin,LOW)    ;
            oldval= val ;
        }
    }


}
```

　　讀者也可以在作者 YouTube 頻道

(https://www.youtube.com/user/UltimaBruce)中，在網址

https://www.youtube.com/watch?v=CVCsMBOQx7Y&feature=youtu.be，看到

本次實驗-尋跡感測模組（Black/White Line Dectector）測試程式結果畫面。

　　當然、如圖 221 所示，我們可以看到尋跡感測模組（Black/White Line Dectec-

tor）測試程式結果畫面。

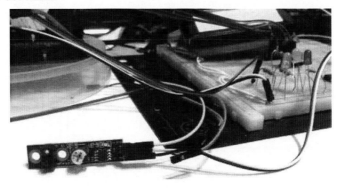

圖 221 尋跡感測模組測試程式結果畫面

魔術光杯模組

利用水銀開關觸發，透過程式設計，我們就能看到類似于兩組裝滿光的杯子倒来倒去的效果了。所以本節介紹魔術光杯模組(如圖 222 所示)，它主要是使用水銀開關、發光二極體 (如圖 223 所示)作成魔術光杯模組。

圖 222 魔術光杯模組

本實驗是採用魔術光杯模組，如圖 222 所示，由於水銀開關、發光二極體 (如圖 223 所示)需要搭配基本量測電路，所以我們使用魔術光杯模組來當實驗主體，並不另外組立基本量測電路。

圖 223 魔術光杯使用零件

如圖 224 所示，先參考魔術光杯模組腳位接法，在遵照表 77 之魔術光杯模組接腳表進行電路組裝。

圖 224 魔術光杯模組腳位圖

表 77 魔術光杯模組接腳表

接腳	接腳說明	Arduino 開發板接腳
第 一 組	Vcc	電源 (+5V) Arduino +5V
	GND	Arduino GND
	Signal	Arduino digital pin 7
	Led Signal	Arduino digital pin 6

第 二 組	Vcc	電源 (+5V) Arduino +5V
	GND	Arduino GND
	Signal	Arduino digital pin 5
	Led Signal	Arduino digital pin 4

1	Ground (0V)	接地 (0V) Arduino GND
2	Supply voltage; 5V (4.7V - 5.3V)	電源 (+5V) Arduino +5V

接腳	接腳說明	Arduino 開發板接腳
3	Contrast adjustment; through a variable resistor	螢幕對比(0-5V), 可接一顆 1k 電阻，或使用可變電阻調整適當的對比
4	Selects command register when low; and data register when high	Arduino digital output pin 8
5	Low to write to the register; High to read from the register	Arduino digital output pin 9
6	Sends data to data pins when a high to low pulse is given	Arduino digital output pin 10
7	Data D0	Arduino digital output pin 45
8	Data D1	Arduino digital output pin 43
9	Data D2	Arduino digital output pin 41
10	Data D3	Arduino digital output pin 39
11	Data D4	Arduino digital output pin 37
12	Data D5	Arduino digital output pin 35
13	Data D6	Arduino digital output pin 33
14	Data D7	Arduino digital output pin 31
15	Backlight V$_{cc}$ (5V)	背光(串接 330 R 電阻到電源)
16	Backlight Ground (0V)	背光(GND)

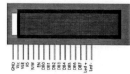

資料來源：Arduino 編程教学(入门篇):Arduino Programming (Basic Skills & Tricks)(曹永忠 et al., 2015b)

我們遵照前幾章所述，將 Arduino 開發板的驅動程式安裝好之後，我們打開 Arduino 開發板的開發工具：Sketch IDE 整合開發軟體，編寫一段程式，如表 78 所示之魔術光杯模組測試程式，我們就可以透過魔術光杯模組來產生魔術光杯的效果。

表 78 魔術光杯模組測試程式

魔術光杯模組試程式(Light_Cups)

```
int LedPinA = 6;
int LedPinB = 4;
int ButtonPinA = 7;
int ButtonPinB = 5;
int buttonStateA = 0;
int buttonStateB = 0;
int brightness = 0;

void setup()
{
pinMode(LedPinA, OUTPUT);
pinMode(LedPinB, OUTPUT);
pinMode(ButtonPinA, INPUT);
pinMode(ButtonPinB, INPUT);

}

void loop()
{
buttonStateA = digitalRead(ButtonPinA);
if (buttonStateA == HIGH && brightness != 255)
{
brightness ++;
}
buttonStateB = digitalRead(ButtonPinB);
if (buttonStateB == HIGH && brightness != 0)
{
brightness --;
}
analogWrite(LedPinA,brightness);
analogWrite(LedPinB,255-brightness);
}
```

讀者也可以在作者 YouTube 頻道

(https://www.youtube.com/user/UltimaBruce)中，在網址

https://www.youtube.com/watch?v=NlnBszJlDF0&feature=youtu.be，看到本次

實驗-魔術光杯模組測試程式結果畫面。

　　當然、如圖 225 所示，我們可以看到魔術光杯模組測試程式結果畫面。

圖 225 魔術光杯模組測試程式結果畫面

紅外線發射接收模組

　　紅外線發射接收模組是在家電裡面，常常用來控制開關、選台、調節溫濕度....等等。所以本節介紹紅外線發射接收模組(如圖 226 所示)，它主要是使用紅外線發光二極體發射器與接收(如圖 227 所示)，作成紅外線發射接收模組。

(a). 紅外線發射模組　　　　　　　　(b). 紅外線接收模組

圖 226 紅外線發射接收模組

　　本實驗是使用紅外線發光二極體發射器與接收器(如圖 227 所示)，由於紅外線發光二極體發射器與接收器(如圖 227 所示)，需要搭配基本量測電路，所以我們使用紅外線發射接收模組來當實驗主體，並不另外組立基本量測電路。

(a). 紅外線發射零件　　　　(b). 紅外線接收零件

圖 227 紅外線發射接收模組零件

　　如圖 228、圖 229 所示，先參考紅外線發射接收模組腳位接法，在遵照表 79 之紅外線發射接收模組接腳表進行電路組裝。

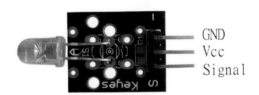

GND
Vcc
Signal

圖 228 紅外線發射模組腳位圖

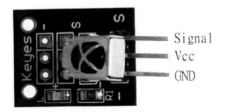

Signal
Vcc
GND

圖 229 紅外線接收模組腳位圖

表 79 紅外線發射接收模組接腳表

接腳	接腳說明	Arduino 開發板接腳
S	Vcc	電源 (+5V) Arduino +5V
2	GND	Arduino GND
3	Signal	Arduino digital pin 3

S	Vcc	電源 (+5V) Arduino +5V
2	GND	Arduino GND
3	Signal	Arduino digital pin 11

　　我們遵照前幾章所述，將 Arduino 開發板的驅動程式安裝好之後，我們打開 Arduino 開發板的開發工具：Sketch IDE 整合開發軟體(請使用 V1.0)，編寫一段程式，如表 80 所示之紅外線發射模組測試程式、如表 81 所示之紅外線接收模組測試程式，我們就可以透過紅外線發射接收模組來測試紅外線發射與接收。

表 80 紅外線發射模組測試程式

紅外線發射模組測試程式（IRsendDemo）

```
/*
 * IRremote: IRsendDemo - demonstrates sending IR codes with IRsend
 * An IR LED must be connected to Arduino PWM pin 3.
 * Version 0.1 July, 2009
 * Copyright 2009 Ken Shirriff
 * http://arcfn.com
 */


#include <IRremote.h>
```

```
IRsend irsend;

void setup()
{
  // Serial.begin(9600);
}

void loop() {
  if (Serial.read() != -1) {
    for (int i = 0; i < 3; i++) {
      irsend.sendNEC(0x4FB48B7, 32);
      delay(40);
    }
  }
}
```

參考資料：shirriff GITHUB(https://github.com/shirriff/Arduino-IRremote)

表 81 紅外線接收模組測試程式

紅外線接收模組測試程式(IRrecvDemo)
/* * IRremote: IRrecvDemo - demonstrates receiving IR codes with IRrecv * An IR detector/demodulator must be connected to the input RECV_PIN. * Version 0.1 July, 2009 * Copyright 2009 Ken Shirriff * http://arcfn.com */ #include <IRremote.h> int RECV_PIN = 11; IRrecv irrecv(RECV_PIN); decode_results results; void setup()

```
{
  Serial.begin(9600);
  irrecv.enableIRIn(); // Start the receiver
}

void loop() {
  if (irrecv.decode(&results)) {
    Serial.println(results.value, HEX);
    irrecv.resume(); // Receive the next value
  }
  delay(100);
}
```

參考資料：shirriff GITHUB(https://github.com/shirriff/Arduino-IRremote)

當然、如圖 230 所示，我們可以看到紅外線發射接收模組測試程式測試程式結果畫面。

圖 230 紅外線發射接收模組測試程式測試程式結果畫面

手指測心跳模組

手指測心跳模組是穿戴式或生物醫學裡面，常常用來偵測心跳。使用手指測心跳模組，將手指夾於 LED 與紅外光敏電阻中間，光敏電阻是用來吸收由手指另一端發送來的光源，當心臟送血液流過手指時，會影響光敏電阻受光的量，電阻值就會產生變化進而達到脈搏的監測。

所以本節介紹手指測心跳模組(如圖 231 所示)，它主要是使用紅外線發光二極體與紅外光敏電阻(如圖 232 所示)作成手指測心跳模組。

圖 231 手指測心跳模組

本實驗是採用手指測心跳模組，如圖 231 所示，由於紅外線發光二極體與紅外光敏電阻(如圖 232 所示)需要搭配基本量測電路，所以我們使用手指測心跳模組來當實驗主體，並不另外組立基本量測電路。

(a). 紅外線發光二極體　　　　(b). 紅外光敏電阻

圖 232 手指測心跳模組零件

如圖 233 所示，先手指測心跳模組腳位接法，在遵照表 82 之旋轉編碼器模組接腳表進行電路組裝。

圖 233 手指測心跳模組腳位圖

表 82 手指測心跳模組接腳表

接腳	接腳說明	Arduino 開發板接腳
S	Vcc	電源 (+5V) Arduino +5V
2	GND	Arduino GND
3	Signal	Arduino analog pin A0

S	Led +	Arduino digital pin 6
2	Led -	Arduino GND

我們遵照前幾章所述,將 Arduino 開發板的驅動程式安裝好之後,我們打開
Arduino 開發板的開發工具:Sketch IDE 整合開發軟體,編寫一段程式,如表 83 所
示之手指測心跳模組測試程式,我們就可以透過手指測心跳模組來偵測任何手指測
心跳。

表 83 手指測心跳模組測試程式

手指測心跳模組測試程式(Finger_HeartBeat)

```
int ledPin=6;

int sensorPin=0;

const double alpha = 0.75;              // smoothing 參數  可自行調整 0~1 之間
的值
const double beta = 0.5;                // find peak 參數  可自行調整 0~1 之間
的值
const int period = 20;                  // sample 脈搏的 delay period

double change=0.0;

void setup()
{
Serial.begin(9600);
pinMode(ledPin,OUTPUT);

}

void loop()
{

  senseHeartRate();

}

void senseHeartRate()
{
    int count = 0;                      // 記錄心跳次數
    double oldValue = 0;                // 記錄上一次 sense 到的值
    double oldChange = 0;               // 記錄上一次值的改變

    unsigned long startTime = millis(); // 記錄開始測量時間

    while(millis() - startTime < 10000) { // sense 10 seconds
        int rawValue = analogRead(sensorPin); // 讀取心跳 sensor 的值
```

```
        double value = alpha*oldValue + (1-alpha)*rawValue;        //smoothing
value

        //find peak
        double change = value-oldValue;              // 計算跟上一次值的改變量
        if (change>beta && oldChange<-beta) {        // heart beat
            count = count + 1;
        }

        oldValue = value;
        oldChange = change;
        delay(period);
    }

}
```

資料來源： here-apps （http://here-apps.blogspot.tw/2014/07/lab3-arduino.html ，
https://github.com/here-apps/Here-Arduino-Lab/tree/master/HeartBeat)

　　讀者也可以在作者 YouTube 頻道

(https://www.youtube.com/user/UltimaBruce)中，在網址：

https://www.youtube.com/watch?v=sS5GM9p-UlQ&feature=youtu.be，看到本

次實驗-手指測心跳模組測試程式結果畫面。

　　當然、如圖 234 所示，我們可以看到手指測心跳模組測試程式結

果畫面。

圖 234 手指測心跳模組測試程式結果畫面

線性霍爾磁力感測模組(A3144)

A3144E 霍爾零件 44E OH44E 霍爾感測器霍爾開關集成電路應用霍爾效應原理，採用半導體集成技術製造的磁敏電路，它是由電壓調整器、霍爾電壓發生器、差分放大器、史密特觸發器，溫度補償電路和集電極開路的輸出級組成的磁敏感測電路，其輸入為磁感應強度，輸出是一個數位電壓訊號。

產品特點：體積小、靈敏度高、響應速度快、溫度性能好、精確度高、可靠性高

典型應用：無觸點開關、汽車點火器、剎車電路、位置、轉速檢測與控制、安全報警裝置、紡織控制系統

- 極限參數（25℃）
- 電源電壓 VCC·······················24V
- 輸出反向擊穿電壓 Vce·················50V
- 輸出低電平電流 IOL················50mA
- 工作環境溫度 TA············E 檔: -20～85℃，L 檔: -40～150℃

● 貯存溫度範圍 TS ········-65～150℃

　A3144 系列單極高溫霍爾效應集成感測器是由穩壓電源，霍爾電壓發生器，差分放大器，施密特觸發器和輸出放大器組成的磁敏感測電路，其輸入為磁感應強度，輸出是一個數位電壓訊號·它是一種單磁極工作的磁敏電路，適用於矩形或者柱形磁體下工作·可應用於汽車工業和軍事工程中· 它的封裝形式為 TO-92SP 典型應用場合：直流無刷風機／轉速檢測／無觸點開關／汽車點火器／位置控制／隔離檢測／安全報警裝置.

　3144E 霍爾高溫開關集成電路是應用霍爾效應原理，採用半導體集成技術製造的磁敏高溫電路，它是由電壓調整器，霍爾電壓發生器、差分放大器，施密特觸發器、溫度補償電路和集電極開路的輸出級組成的磁敏感測電路，其輸入為磁信號，輸出是一個數位電壓信號。

　所以本節介紹線性霍爾磁力感測模組(A3144)(如圖 235 所示)，它主要是使用霍爾 IC A3144(如圖 236 所示)作成尋跡感測模組（Black/White Line Dectector）。

圖 235 線性霍爾磁力感測模組(A3144)

　本實驗是採用線性霍爾磁力感測模組(A3144)，如圖 235 所示，由於線性霍爾零件 (如圖 236 所示))需要搭配基本量測電路，所以我們使用線性霍爾磁力感測模組(A3144)來當實驗主體，並不另外組立基本量測電路。

圖 236 線性霍爾磁力感測模組(A3144)零件圖

如圖 237 所示，先參考線性霍爾磁力感測模組(A3144)腳位接法，在遵照表 84
之旋轉編碼器模組接腳表進行電路組裝。

圖 237 線性霍爾磁力感測模組(A3144)腳位圖

表 84 線性霍爾磁力感測模組(A3144)接腳表

接腳	接腳說明	Arduino 開發板接腳
S	Vcc	電源 (+5V) Arduino +5V
2	GND	Arduino GND
3	Signal	Arduino digital pin 7

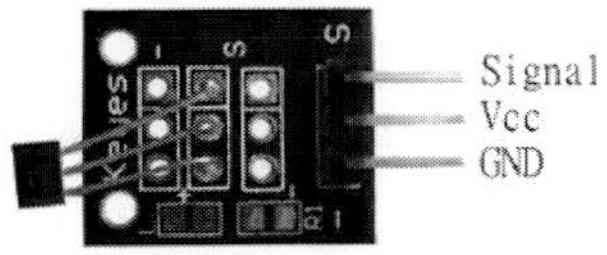		
S	Led +	Arduino digital pin 6
2	Led -	Arduino GND

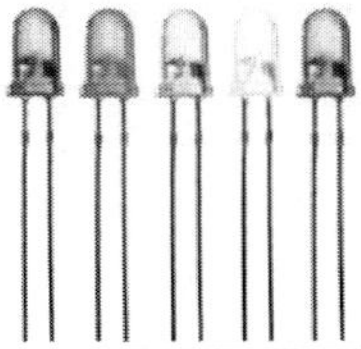

1	Ground (0V)	接地 (0V) Arduino GND
2	Supply voltage; 5V (4.7V - 5.3V)	電源 (+5V) Arduino +5V
3	Contrast adjustment; through a variable resistor	螢幕對比(0-5V), 可接一顆 1k 電阻，或使用可變電阻調整適當的對比

接腳	接腳說明	Arduino 開發板接腳
4	Selects command register when low; and data register when high	Arduino digital output pin 8
5	Low to write to the register; High to read from the register	Arduino digital output pin 9
6	Sends data to data pins when a high to low pulse is given	Arduino digital output pin 10
7	Data D0	Arduino digital output pin 45
8	Data D1	Arduino digital output pin 43
9	Data D2	Arduino digital output pin 41
10	Data D3	Arduino digital output pin 39
11	Data D4	Arduino digital output pin 37
12	Data D5	Arduino digital output pin 35
13	Data D6	Arduino digital output pin 33
14	Data D7	Arduino digital output pin 31
15	Backlight V$_{cc}$ (5V)	背光(串接 330 R 電阻到電源)
16	Backlight Ground (0V)	背光(GND)

資料來源： Arduino 編程教学(入门篇):Arduino Programming (Basic Skills & Tricks)(曹永忠 et al., 2015b)

我們遵照前幾章所述，將 Arduino 開發板的驅動程式安裝好之後，我們打開 Arduino 開發板的開發工具：Sketch IDE 整合開發軟體，編寫一段程式，如表 85 所示之線性霍爾磁力感測模組(A3144)測試程式，我們就可以透過線性霍爾磁力感測模組(A3144)來偵測任何磁力裝置。

表 85 線性霍爾磁力感測模組(A3144)測試程式

線性霍爾磁力感測模組(A3144)測試程式(Hall_A3144_sensor)
#include <LiquidCrystal.h>

```
#define DPin 7
#define LedPin 6
#define APin A0

  LiquidCrystal lcd(8, 9, 10, 45, 43, 41,39,37,35,33,31);

    int val = 0 ;
   int oldval =0   ;
void setup()
{
pinMode(LedPin,OUTPUT);//設置數位 IO 腳模式，OUTPUT 為 Output
 pinMode(DPin,INPUT);//定義 digital 為輸入介面
 //pinMode(APin,INPUT);//定義為類比輸入介面


    Serial.begin(9600);//設定串列傳輸速率為 9600 }

 // set up the LCD's number of columns and rows:
  lcd.begin(16, 2);
  // Print a message to the LCD.
  lcd.print("Hall IC(A3144)");
}
void loop() {

  // set the cursor to column 0, line 1
  // (note: line 1 is the second row, since counting begins with 0):


   val=digitalRead(DPin);//讀取感測器的值
    Serial.print(oldval);//輸出模擬值，並將其列印出來
    Serial.print("/");//輸出模擬值，並將其列印出來
    Serial.print(val);//輸出模擬值，並將其列印出來
    Serial.print("\n");//輸出模擬值，並將其列印出來

    if (val ==0)
    {
            if (val != oldval)
               {
                    lcd.setCursor(1, 1);
```

```
                        lcd.print("              ") ;
                    lcd.setCursor(1, 1);
                lcd.print("Magenetic Coming");
                digitalWrite(LedPin,HIGH)   ;
                    delay(2000);
                    oldval= val ;
            }
    }
    else
    {
        if (val != oldval)
            {
                lcd.setCursor(1, 1);
                lcd.print("              ") ;
                lcd.setCursor(1, 1);
            lcd.print("Ready");
            digitalWrite(LedPin,LOW)   ;
                oldval= val ;
            }
    }


}
```

　　讀者也可以在作者 YouTube 頻道

(https://www.youtube.com/user/UltimaBruce)中，在網址：

https://www.youtube.com/watch?v=5LlEaU7g0e4&feature=youtu.be，看到本次

實驗-線性霍爾磁力感測模組(A3144)測試程式結果畫面。

　　當然、如圖 238 所示，我們可以看到線性霍爾磁力感測模組(A3144)測試程式結

果畫面。

圖 238 線性霍爾磁力感測模組(A3144)測試程式結果畫面

類比霍爾磁力感測模組(49E)

霍爾元件 49E 是一種線性的磁力感測元件,沒有磁力影響時感值為 512(2.5V),隨著 N 極 S 極的接近,感值從 0.8V~4.2V,這樣就可以從數字中看出磁極及磁力大小

所以本節介紹類比霍爾磁力感測模組(49E) (如圖 239 所示),它主要是使用霍爾磁力感測 IC 49E(如圖 240 所示)作成類比霍爾磁力感測模組(49E)。

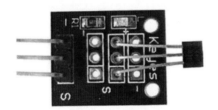

圖 239 類比霍爾磁力感測模組(49E)

本實驗是採用類比霍爾磁力感測模組(49E),如圖 239 所示,由於霍爾磁力感測 IC 49E(如圖 240 所示)需要搭配基本量測電路,所以我們使用類比霍爾磁力感測模組(49E)來當實驗主體,並不另外組立基本量測電路。

圖 240 類比霍爾磁力感測模組(49E)零件圖

如圖 241 所示，先參考類比霍爾磁力感測模組(49E)腳位接法，在遵照表 86 之類比霍爾磁力感測模組(49E)。

圖 241 類比霍爾磁力感測模組(49E)腳位圖

表 86 類比霍爾磁力感測模組(49E)接腳表

接腳	接腳說明	Arduino 開發板接腳
S	Vcc	電源 (+5V) Arduino +5V
2	GND	Arduino GND
3	Signal	Arduino analog pin 0

1	Ground (0V)	接地 (0V) Arduino GND
2	Supply voltage; 5V (4.7V – 5.3V)	電源 (+5V) Arduino +5V
3	Contrast adjustment; through a variable resistor	螢幕對比(0-5V), 可接一顆 1k 電阻，或使用可變電阻調整適當的對比
4	Selects command register when low; and data register when high	Arduino digital output pin 8

接腳	接腳說明	Arduino 開發板接腳
5	Low to write to the register; High to read from the register	Arduino digital output pin 9
6	Sends data to data pins when a high to low pulse is given	Arduino digital output pin 10
7	Data D0	Arduino digital output pin 45
8	Data D1	Arduino digital output pin 43
9	Data D2	Arduino digital output pin 41
10	Data D3	Arduino digital output pin 39
11	Data D4	Arduino digital output pin 37
12	Data D5	Arduino digital output pin 35
13	Data D6	Arduino digital output pin 33
14	Data D7	Arduino digital output pin 31
15	Backlight V_{CC} (5V)	背光(串接 330 R 電阻到電源)
16	Backlight Ground (0V)	背光(GND)

資料來源：Arduino 編程教学(入門篇):Arduino Programming (Basic Skills & Tricks)(曹永忠 et al., 2015b)

我們遵照前幾章所述，將 Arduino 開發板的驅動程式安裝好之後，我們打開 Arduino 開發板的開發工具：Sketch IDE 整合開發軟體，編寫一段程式，如表 76 所示之類比霍爾磁力感測模組(49E)測試程式，我們就可以透過類比霍爾磁力感測模組 (49E)來偵測任何磁力裝置的強度。

表 87 類比霍爾磁力感測模組(49E)測試程式

類比霍爾磁力感測模組(49E)測試程式(Hall_49E_sensor)
#include <LiquidCrystal.h> #define DPin 7

```
#define LedPin 6
#define APin A0

 LiquidCrystal lcd(8, 9, 10, 45, 43, 41,39,37,35,33,31);

   int val = 0 ;
  int oldval =0   ;
void setup()
{
pinMode(LedPin,OUTPUT);//設置數位 IO 腳模式，OUTPUT 為 Output
 pinMode(DPin,INPUT);//定義 digital 為輸入介面
 //pinMode(APin,INPUT);//定義為類比輸入介面


   Serial.begin(9600);//設定串列傳輸速率為 9600 }

 // set up the LCD's number of columns and rows:
 lcd.begin(16, 2);
 // Print a message to the LCD.
 lcd.print("Hall IC(49E)");
}
void loop() {

 // set the cursor to column 0, line 1
 // (note: line 1 is the second row, since counting begins with 0):


   val=analogRead(APin);//讀取感測器的值
    Serial.print(val);//輸出模擬值，並將其列印出來
    Serial.print("\n");//輸出模擬值，並將其列印出來

                  lcd.setCursor(1, 1);
                    lcd.print("              ") ;
                   lcd.setCursor(1, 1);
                  lcd.print("Magenetic= ");
                  lcd.print(val);



}
```

讀者也可以在作者 YouTube 頻道

(https://www.youtube.com/user/UltimaBruce)中，在網址：

https://www.youtube.com/watch?v=3AGjbwhwa8Y&feature=youtu.be，看到本

次實驗-類比霍爾磁力感測模組(49E)測試程式結果畫面。

　　當然、如圖 214 所示，我們可以看到類比霍爾磁力感測模組(49E)測試程式結

果畫面。

圖 242 類比霍爾磁力感測模組(49E)測試程式結果畫面

可調線性霍爾磁力感測模組(49E)

　　霍爾元件 49E 是一種線性的磁力感測元件,沒有磁力影響時感值為 512(2.5V),隨

著 N 極 S 極的接近,感值從 0.8V~4.2V,這樣就可以從數字中看出磁極及磁力大小

　　所以本節介紹可調線性霍爾磁力感測模組(49E) (如圖 239 所示)，它主要是使用

霍爾磁力感測 IC 49E(如圖 240 所示)作成類比霍爾磁力感測模組(49E)，本模組和上面不同的地方是：它兼備有線性霍爾磁力感測模組(A3144)可以偵測磁力，且數位輸出訊號告訴使用者有磁力，還兼備類比霍爾磁力感測模組(49E)的特性，可以輸出磁力的大小。

圖 243 可調線性霍爾磁力感測模組(49E)

本實驗是採用類比霍爾磁力感測模組(49E)，如圖 244 所示，由於霍爾磁力感測 IC 49E(如圖 244 所示)需要搭配基本量測電路，所以我們使用類比霍爾磁力感測模組(49E)來當實驗主體，並不另外組立基本量測電路。

圖 244 類比霍爾磁力感測模組(49E)零件圖

如圖 245 所示，先參考可調線性霍爾磁力感測模組(49E)腳位接法，在遵照表 88 之可調線性霍爾磁力感測模組(49E)。

圖 245 可調線性霍爾磁力感測模組(49E)腳位圖

表 88 可調線性霍爾磁力感測模組(49E)接腳表

接腳	接腳說明	Arduino 開發板接腳
Vcc & GND	Vcc	電源 (+5V) Arduino +5V
	GND	Arduino GND
DataOut	Signal	Arduino digital pin 7
	Analog Signal	Arduino analog pin 0

S	Led +	Arduino digital pin 6
2	Led -	Arduino GND

1	Ground (0V)	接地 (0V) Arduino GND
2	Supply voltage; 5V (4.7V – 5.3V)	電源 (+5V) Arduino +5V
3	Contrast adjustment; through a variable resistor	螢幕對比(0-5V), 可接一顆 1k 電阻，或使用可變電阻調整適當的對比
4	Selects command register when low; and data register when high	Arduino digital output pin 8
5	Low to write to the register; High to read from the register	Arduino digital output pin 9
6	Sends data to data pins when a high to low pulse is given	Arduino digital output pin 10
7	Data D0	Arduino digital output pin 45
8	Data D1	Arduino digital output pin 43
9	Data D2	Arduino digital output pin 41
10	Data D3	Arduino digital output pin 39
11	Data D4	Arduino digital output pin 37
12	Data D5	Arduino digital output pin 35
13	Data D6	Arduino digital output pin 33
14	Data D7	Arduino digital output pin 31

接腳	接腳說明	Arduino 開發板接腳
15	Backlight Vcc (5V)	背光(串接 330 R 電阻到電源)
16	Backlight Ground (0V)	背光(GND)

資料來源：Arduino 編程教學(入門篇):Arduino Programming (Basic Skills & Tricks)(曹永忠 et al., 2015b)

我們遵照前幾章所述，將 Arduino 開發板的驅動程式安裝好之後，我們打開 Arduino 開發板的開發工具：Sketch IDE 整合開發軟體，編寫一段程式，如表 89 所示之可調線性霍爾磁力感測模組(49E)測試程式，我們就可以透過可調線性霍爾磁力感測模組(49E)來偵測任何磁力裝置的強度。

表 89 可調線性霍爾磁力感測模組(49E)測試程式

可調線性霍爾磁力感測模組(49E) (Hall_49E_digital_sensor)

```
#include <LiquidCrystal.h>
#define DPin 7
#define LedPin 6
#define APin A0

 LiquidCrystal lcd(8, 9, 10, 45, 43, 41,39,37,35,33,31);

   int vala = 0 ;
   int val = 0 ;
  int oldval =-1   ;
void setup()
{
pinMode(LedPin,OUTPUT);//設置數位 IO 腳模式，OUTPUT 為 Output
 pinMode(DPin,INPUT);//定義 digital 為輸入介面
 //pinMode(APin,INPUT);//定義為類比輸入介面
```

```
    Serial.begin(9600);//設定串列傳輸速率為 9600 }

  // set up the LCD's number of columns and rows:
  lcd.begin(20, 4);
  // Print a message to the LCD.
  lcd.print("Hall IC(49E)");
}
void loop() {

  // set the cursor to column 0, line 1
  // (note: line 1 is the second row, since counting begins with 0):


  vala=analogRead(APin);//讀取感測器的值
  val=digitalRead(DPin);//讀取感測器的值
    Serial.print(vala);//輸出模擬值,並將其列印出來
    Serial.print("/");//輸出模擬值,並將其列印出來
    Serial.print(oldval);//輸出模擬值,並將其列印出來
    Serial.print("/");//輸出模擬值,並將其列印出來
    Serial.print(val);//輸出模擬值,並將其列印出來
    Serial.print("\n");//輸出模擬值,並將其列印出來
    if (val ==1)
    {
          if (val != oldval)
            {
                  lcd.setCursor(1, 1);
                    lcd.print("               ") ;
                  lcd.setCursor(1, 1);
                  lcd.print("Magenetic Coming");
                  digitalWrite(LedPin,HIGH)   ;
                     delay(2000);
                     oldval= val ;
              }
      }
    else
    {
          if (val != oldval)
            {
```

```
        lcd.setCursor(1, 1);
        lcd.print("                ");
        lcd.setCursor(1, 1);
      lcd.print("Ready");
      digitalWrite(LedPin,LOW)   ;
      oldval= val ;
    }
  }


      lcd.setCursor(1, 2);
        lcd.print("                ") ;
      lcd.setCursor(1, 2);
      lcd.print("Magenetic= ");
      lcd.print(vala);



}
```

讀者也可以在作者 YouTube 頻道

(https://www.youtube.com/user/UltimaBruce)中，在網址：

https://www.youtube.com/watch?v=4UPAyr5p1pk&feature=youtu.be，看到本次

實驗-可調線性霍爾磁力感測模組(49E)測試程式結果畫面。

　　當然、如圖 246 所示，我們可以看到可調線性霍爾磁力感測模組(49E)測試程

式結果畫面。

圖 246 可調線性霍爾磁力感測模組(49E)測試程式結果畫面

章節小結

本章主要介紹如何使用常用模組中較深入、進階的介紹,透過 Arduino 開發板來作進階實驗。

本書總結

作者對於 Arduino 相關的書籍,也出版許多書籍,感謝許多有心的讀者提供作者許多寶貴的意見與建議,作者群不勝感激,許多讀者希望作者可以推出更多的入門書籍給更多想要進入『Arduino』、『Maker』這個未來大趨勢,所有才有這個入門系列的產生。

本系列叢書的特色是一步一步教導大家使用更基礎的東西,來累積各位的基礎能力,讓大家能更在 Maker 自造者運動中,可以拔的頭籌,所以本系列是一個永不結束的系列,只要更多的東西被製造出來,相信作者會更衷心的希望與各位永遠在這條 Maker 路上與大家同行。

作者介紹

曹永忠 (Yung-Chung Tsao)：目前為台灣資訊傳播學會秘書長與自由作家，專研於軟體工程、軟體開發與設計、物件導向程式設計，商品攝影及人像攝影。長期投入資訊系統設計與開發、企業應用系統開發、軟體工程、新產品開發管理、商品及人像攝影等領域，並持續發表作品及相關專業著作。

Email:prgbruce@gmail.com ，Line ID：dr.brucetsao
Arduino 部落格：http://taiwanarduino.blogspot.tw/
範例原始碼網址：https://github.com/brucetsao/Arduino_37_Modules/
臉書社群(Arduino.Taiwan)：https://www.facebook.com/groups/Arduino.Taiwan/
Arduino 活動官網：http://arduino.kktix.cc/
Youtube：https://www.youtube.com/channel/UCcYG2yY_u0m1aotcA4hrRgQ

許智誠 (Chih-Cheng Hsu)，美國加州大學洛杉磯分校(UCLA) 資訊工程系博士，曾任職於美國 IBM 等軟體公司多年，現任教於中央大學資訊管理學系專任副教授，主要研究為軟體工程、設計流程與自動化、數位教學、雲端裝置、多層式網頁系統、系統整合。

Email: khsu@mgt.ncu.edu.tw

蔡英德 (Yin-Te Tsai)，國立清華大學資訊科學系博士，目前是靜宜大學資訊傳播工程學系教授、台灣資訊傳播學會理事長、靜宜大學計算機及通訊中心主任，主要研究為演算法設計與分析、生物資訊、軟體開發。

Email:yttsai@pu.edu.tw

附錄

電阻色碼表

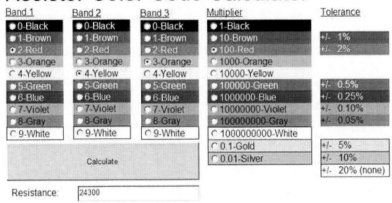

五環對照表

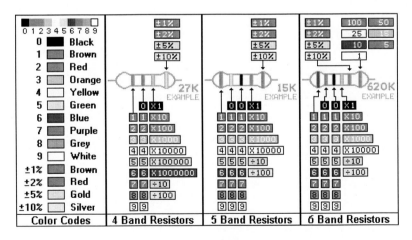

四五六環對照表

DallasTemperature 函式庫

本書 DS18B20 溫度感測模組使用的 DallasTemperature 函數庫，需要 DallasTemperature 函數庫，而 DallasTemperature 函數庫則需要 OneWire 函數庫，讀者可以在本書附錄中找到這些函式庫，也可以到作者 Github(https://github.com/brucetsao) 網站中，在本書原始碼目錄 https://github.com/brucetsao/libraries，下載到 DallasTemperature、OneWire 等函數庫。

DallasTemperature.cpp (DS18B20 溫度感測模組函式庫)

```
// This library is free software; you can redistribute it and/or
// modify it under the terms of the GNU Lesser General Public
// License as published by the Free Software Foundation; either
// version 2.1 of the License, or (at your option) any later version.

// Version 3.7.2 modified on Dec 6, 2011 to support Arduino 1.0
// See Includes...
// Modified by Jordan Hochenbaum

#include "DallasTemperature.h"

#if ARDUINO >= 100
    #include "Arduino.h"
#else
extern "C" {
    #include "WConstants.h"
}
#endif

DallasTemperature::DallasTemperature(OneWire* _oneWire)
  #if REQUIRESALARMS
  : _AlarmHandler(&defaultAlarmHandler)
  #endif
{
  _wire = _oneWire;
  devices = 0;
```

```cpp
      parasite = false;
      bitResolution = 9;
      waitForConversion = true;
      checkForConversion = true;
}


// initialise the bus
void DallasTemperature::begin(void)
{
   DeviceAddress deviceAddress;

   _wire->reset_search();
   devices = 0; // Reset the number of devices when we enumerate wire devices

   while (_wire->search(deviceAddress))
   {
      if (validAddress(deviceAddress))
      {
         if (!parasite && readPowerSupply(deviceAddress)) parasite = true;

         ScratchPad scratchPad;

         readScratchPad(deviceAddress, scratchPad);

         bitResolution = max(bitResolution, getResolution(deviceAddress));

         devices++;
      }
   }
}

// returns the number of devices found on the bus
uint8_t DallasTemperature::getDeviceCount(void)
{
   return devices;
}

// returns true if address is valid
```

DallasTemperature.cpp (DS18B20 溫度感測模組函式庫)

```cpp
                bool DallasTemperature::validAddress(uint8_t* deviceAddress)
                {
                    return (_wire->crc8(deviceAddress, 7) == deviceAddress[7]);
                }


                // finds an address at a given index on the bus
                // returns true if the device was found
                bool DallasTemperature::getAddress(uint8_t* deviceAddress, uint8_t index)
                {
                    uint8_t depth = 0;

                    _wire->reset_search();

                    while (depth <= index && _wire->search(deviceAddress))
                    {
                        if (depth == index && validAddress(deviceAddress)) return true;
                        depth++;
                    }

                    return false;
                }

                // attempt to determine if the device at the given address is connected to the bus
                bool DallasTemperature::isConnected(uint8_t* deviceAddress)
                {
                    ScratchPad scratchPad;
                    return isConnected(deviceAddress, scratchPad);
                }

                // attempt to determine if the device at the given address is connected to the bus
                // also allows for updating the read scratchpad
                bool DallasTemperature::isConnected(uint8_t* deviceAddress, uint8_t* scratch-
Pad)
                {
                    readScratchPad(deviceAddress, scratchPad);
                    return (_wire->crc8(scratchPad, 8) == scratchPad[SCRATCHPAD_CRC]);
                }
```

DallasTemperature.cpp (DS18B20 溫度感測模組函式庫)

```cpp
        // read device's scratch pad
        void DallasTemperature::readScratchPad(uint8_t* deviceAddress, uint8_t*
scratchPad)
    {
      // send the command
      _wire->reset();
      _wire->select(deviceAddress);
      _wire->write(READSCRATCH);

      // TODO => collect all comments &    use simple loop
      // byte 0: temperature LSB
      // byte 1: temperature MSB
      // byte 2: high alarm temp
      // byte 3: low alarm temp
      // byte 4: DS18S20: store for crc
      //              DS18B20 & DS1822: configuration register
      // byte 5: internal use & crc
      // byte 6: DS18S20: COUNT_REMAIN
      //              DS18B20 & DS1822: store for crc
      // byte 7: DS18S20: COUNT_PER_C
      //              DS18B20 & DS1822: store for crc
      // byte 8: SCRATCHPAD_CRC
      //
      // for(int i=0; i<9; i++)
      // {
      //     scratchPad[i] = _wire->read();
      // }


      // read the response

      // byte 0: temperature LSB
      scratchPad[TEMP_LSB] = _wire->read();

      // byte 1: temperature MSB
      scratchPad[TEMP_MSB] = _wire->read();

      // byte 2: high alarm temp
```

DallasTemperature.cpp (DS18B20 溫度感測模組函式庫)

```
        scratchPad[HIGH_ALARM_TEMP] = _wire->read();

        // byte 3: low alarm temp
        scratchPad[LOW_ALARM_TEMP] = _wire->read();

        // byte 4:
        // DS18S20: store for crc
        // DS18B20 & DS1822: configuration register
        scratchPad[CONFIGURATION] = _wire->read();

        // byte 5:
        // internal use & crc
        scratchPad[INTERNAL_BYTE] = _wire->read();

        // byte 6:
        // DS18S20: COUNT_REMAIN
        // DS18B20 & DS1822: store for crc
        scratchPad[COUNT_REMAIN] = _wire->read();

        // byte 7:
        // DS18S20: COUNT_PER_C
        // DS18B20 & DS1822: store for crc
        scratchPad[COUNT_PER_C] = _wire->read();

        // byte 8:
        // SCTRACHPAD_CRC
        scratchPad[SCRATCHPAD_CRC] = _wire->read();

        _wire->reset();
    }

    // writes device's scratch pad
    void DallasTemperature::writeScratchPad(uint8_t* deviceAddress, const uint8_t*
scratchPad)
    {
        _wire->reset();
        _wire->select(deviceAddress);
        _wire->write(WRITESCRATCH);
```

```cpp
            _wire->write(scratchPad[HIGH_ALARM_TEMP]); // high alarm temp
            _wire->write(scratchPad[LOW_ALARM_TEMP]); // low alarm temp
            // DS18S20 does not use the configuration register
            if (deviceAddress[0] != DS18S20MODEL) _wire->write(scratch-
Pad[CONFIGURATION]); // configuration
            _wire->reset();
            // save the newly written values to eeprom
            _wire->write(COPYSCRATCH, parasite);
            if (parasite) delay(10); // 10ms delay
            _wire->reset();
        }


        // reads the device's power requirements
        bool DallasTemperature::readPowerSupply(uint8_t* deviceAddress)
        {
            bool ret = false;
            _wire->reset();
            _wire->select(deviceAddress);
            _wire->write(READPOWERSUPPLY);
            if (_wire->read_bit() == 0) ret = true;
            _wire->reset();
            return ret;
        }



        // set resolution of all devices to 9, 10, 11, or 12 bits
        // if new resolution is out of range, it is constrained.
        void DallasTemperature::setResolution(uint8_t newResolution)
        {
            bitResolution = constrain(newResolution, 9, 12);
            DeviceAddress deviceAddress;
            for (int i=0; i<devices; i++)
            {
                getAddress(deviceAddress, i);
                setResolution(deviceAddress, bitResolution);
            }
        }
```

DallasTemperature.cpp (DS18B20 溫度感測模組函式庫)

```cpp
    // set resolution of a device to 9, 10, 11, or 12 bits
    // if new resolution is out of range, 9 bits is used.
    bool DallasTemperature::setResolution(uint8_t* deviceAddress, uint8_t newRes-
olution)
    {
        ScratchPad scratchPad;
        if (isConnected(deviceAddress, scratchPad))
        {
            // DS18S20 has a fixed 9-bit resolution
            if (deviceAddress[0] != DS18S20MODEL)
            {
                switch (newResolution)
                {
                    case 12:
                        scratchPad[CONFIGURATION] = TEMP_12_BIT;
                        break;
                    case 11:
                        scratchPad[CONFIGURATION] = TEMP_11_BIT;
                        break;
                    case 10:
                        scratchPad[CONFIGURATION] = TEMP_10_BIT;
                        break;
                    case 9:
                    default:
                        scratchPad[CONFIGURATION] = TEMP_9_BIT;
                        break;
                }
                writeScratchPad(deviceAddress, scratchPad);
            }
            return true;   // new value set
        }
        return false;
    }


    // returns the global resolution
    uint8_t DallasTemperature::getResolution()
    {
        return bitResolution;
```

```
        }


        // returns the current resolution of the device, 9-12
        // returns 0 if device not found
        uint8_t DallasTemperature::getResolution(uint8_t* deviceAddress)
        {
            if (deviceAddress[0] == DS18S20MODEL) return 9; // this model has a fixed
resolution

            ScratchPad scratchPad;
            if (isConnected(deviceAddress, scratchPad))
            {
            switch (scratchPad[CONFIGURATION])
              {
                case TEMP_12_BIT:
                  return 12;

                case TEMP_11_BIT:
                  return 11;

                case TEMP_10_BIT:
                  return 10;

                case TEMP_9_BIT:
                  return 9;


              }
            }
            return 0;
        }


        // sets the value of the waitForConversion flag
        // TRUE : function requestTemperature() etc returns when conversion is ready
        // FALSE: function requestTemperature() etc returns immediately (USE WITH
CARE!!)
        //                    (1) programmer has to check if the needed delay has passed
        //                    (2) but the application can do meaningful things in that time
```

DallasTemperature.cpp (DS18B20 溫度感測模組函式庫)

```cpp
    void DallasTemperature::setWaitForConversion(bool flag)
    {
        waitForConversion = flag;
    }


    // gets the value of the waitForConversion flag
    bool DallasTemperature::getWaitForConversion()
    {
        return waitForConversion;
    }



    // sets the value of the checkForConversion flag
    // TRUE : function requestTemperature() etc will 'listen' to an IC to determine
whether a conversion is complete
    // FALSE: function requestTemperature() etc will wait a set time (worst case sce-
nario) for a conversion to complete
    void DallasTemperature::setCheckForConversion(bool flag)
    {
        checkForConversion = flag;
    }


    // gets the value of the waitForConversion flag
    bool DallasTemperature::getCheckForConversion()
    {
        return checkForConversion;
    }


    bool DallasTemperature::isConversionAvailable(uint8_t* deviceAddress)
    {
        // Check if the clock has been raised indicating the conversion is complete
        ScratchPad scratchPad;
        readScratchPad(deviceAddress, scratchPad);
        return scratchPad[0];
    }


    // sends command for all devices on the bus to perform a temperature conversion
```

```cpp
void DallasTemperature::requestTemperatures()
{
  _wire->reset();
  _wire->skip();
  _wire->write(STARTCONVO, parasite);

  // ASYNC mode?
  if (!waitForConversion) return;
  blockTillConversionComplete(&bitResolution, 0);

  return;
}

// sends command for one device to perform a temperature by address
// returns FALSE if device is disconnected
// returns TRUE   otherwise
bool DallasTemperature::requestTemperaturesByAddress(uint8_t* deviceAddress)
{

  _wire->reset();
  _wire->select(deviceAddress);
  _wire->write(STARTCONVO, parasite);

    // check device
  ScratchPad scratchPad;
  if (!isConnected(deviceAddress, scratchPad)) return false;

  // ASYNC mode?
  if (!waitForConversion) return true;
  uint8_t bitResolution = getResolution(deviceAddress);
  blockTillConversionComplete(&bitResolution, deviceAddress);

  return true;
}
```

DallasTemperature.cpp (DS18B20 溫度感測模組函式庫)

```cpp
        void DallasTemperature::blockTillConversionComplete(uint8_t* bitResolution,
uint8_t* deviceAddress)
    {
        if(deviceAddress != 0 && checkForConversion && !parasite)
        {
            // Continue to check if the IC has responded with a temperature
            // NB: Could cause issues with multiple devices (one device may respond
faster)
            unsigned long start = millis();
            while(!isConversionAvailable(0) && ((millis() - start) < 750));
        }

            // Wait a fix number of cycles till conversion is complete (based on IC
datasheet)
        switch (*bitResolution)
        {
            case 9:
                delay(94);
                break;
            case 10:
                delay(188);
                break;
            case 11:
                delay(375);
                break;
            case 12:
            default:
                delay(750);
                break;
        }

    }

    // sends command for one device to perform a temp conversion by index
    bool DallasTemperature::requestTemperaturesByIndex(uint8_t deviceIndex)
    {
        DeviceAddress deviceAddress;
        getAddress(deviceAddress, deviceIndex);
```

```cpp
      return requestTemperaturesByAddress(deviceAddress);
    }


  // Fetch temperature for device index
  float DallasTemperature::getTempCByIndex(uint8_t deviceIndex)
  {
    DeviceAddress deviceAddress;
    getAddress(deviceAddress, deviceIndex);
    return getTempC((uint8_t*)deviceAddress);
  }


  // Fetch temperature for device index
  float DallasTemperature::getTempFByIndex(uint8_t deviceIndex)
  {
    return toFahrenheit(getTempCByIndex(deviceIndex));
  }


  // reads scratchpad and returns the temperature in degrees C
  float DallasTemperature::calculateTemperature(uint8_t* deviceAddress, uint8_t*
scratchPad)
  {
    int16_t rawTemperature = (((int16_t)scratchPad[TEMP_MSB]) << 8) |
scratchPad[TEMP_LSB];

    switch (deviceAddress[0])
    {
      case DS18B20MODEL:
      case DS1822MODEL:
        switch (scratchPad[CONFIGURATION])
        {
          case TEMP_12_BIT:
            return (float)rawTemperature * 0.0625;
            break;
          case TEMP_11_BIT:
            return (float)(rawTemperature >> 1) * 0.125;
            break;
          case TEMP_10_BIT:
            return (float)(rawTemperature >> 2) * 0.25;
```

```
                    break;
                case TEMP_9_BIT:
                    return (float)(rawTemperature >> 3) * 0.5;
                    break;
            }
            break;
        case DS18S20MODEL:
            /*

            Resolutions greater than 9 bits can be calculated using the data from

            the temperature, COUNT REMAIN and COUNT PER ◆C registers in

            (10h). After reading the scratchpad, the TEMP_READ value is obtained

            extended resolution temperature can then be calculated using the
            following equation:

                                            COUNT_PER_C -
COUNT_REMAIN
            TEMPERATURE = TEMP_READ - 0.25 + --------------------------
                                                        COUNT_PER_C
            */

            // Good spot. Thanks Nic Johns for your contribution
            return (float)(rawTemperature >> 1) - 0.25 +((float)(scratch-
Pad[COUNT_PER_C] - scratchPad[COUNT_REMAIN]) / (float)scratch-
Pad[COUNT_PER_C] );
            break;
        }
    }

    // returns temperature in degrees C or DEVICE_DISCONNECTED if the
    // device's scratch pad cannot be read successfully.
    // the numeric value of DEVICE_DISCONNECTED is defined in
    // DallasTemperature.h. It is a large negative number outside the
    // operating range of the device
    float DallasTemperature::getTempC(uint8_t* deviceAddress)
```

```cpp
    {
        // TODO: Multiple devices (up to 64) on the same bus may take
        //          some time to negotiate a response
        // What happens in case of collision?

        ScratchPad scratchPad;
        if (isConnected(deviceAddress, scratchPad)) return calculateTemperature(de-
viceAddress, scratchPad);
        return DEVICE_DISCONNECTED;
    }


    // returns temperature in degrees F
    // TODO: - when getTempC returns DEVICE_DISCONNECTED
    //          -127 gets converted to -196.6 F
    float DallasTemperature::getTempF(uint8_t* deviceAddress)
    {
        return toFahrenheit(getTempC(deviceAddress));
    }


    // returns true if the bus requires parasite power
    bool DallasTemperature::isParasitePowerMode(void)
    {
        return parasite;
    }


    #if REQUIRESALARMS

    /*

    ALARMS:

    TH and TL Register Format

    BIT 7 BIT 6 BIT 5 BIT 4 BIT 3 BIT 2 BIT 1 BIT 0
        S    2^6   2^5   2^4   2^3   2^2   2^1   2^0

    Only bits 11 through 4 of the temperature register are used
    in the TH and TL comparison since TH and TL are 8-bit
```

registers. If the measured temperature is lower than or equal
to TL or higher than or equal to TH, an alarm condition exists
and an alarm flag is set inside the DS18B20. This flag is
updated after every temperature measurement; therefore, if the
alarm condition goes away, the flag will be turned off after
the next temperature conversion.

```
*/

// sets the high alarm temperature for a device in degrees celsius
// accepts a float, but the alarm resolution will ignore anything
// after a decimal point.   valid range is -55C - 125C
void DallasTemperature::setHighAlarmTemp(uint8_t* deviceAddress, char celsius)
{
    // make sure the alarm temperature is within the device's range
    if (celsius > 125) celsius = 125;
    else if (celsius < -55) celsius = -55;

    ScratchPad scratchPad;
    if (isConnected(deviceAddress, scratchPad))
    {
        scratchPad[HIGH_ALARM_TEMP] = (uint8_t)celsius;
        writeScratchPad(deviceAddress, scratchPad);
    }
}

// sets the low alarm temperature for a device in degreed celsius
// accepts a float, but the alarm resolution will ignore anything
// after a decimal point.   valid range is -55C - 125C
void DallasTemperature::setLowAlarmTemp(uint8_t* deviceAddress, char celsius)
{
    // make sure the alarm temperature is within the device's range
    if (celsius > 125) celsius = 125;
    else if (celsius < -55) celsius = -55;

    ScratchPad scratchPad;
```

```
        if (isConnected(deviceAddress, scratchPad))
        {
            scratchPad[LOW_ALARM_TEMP] = (uint8_t)celsius;
            writeScratchPad(deviceAddress, scratchPad);
        }
    }


    // returns a char with the current high alarm temperature or
    // DEVICE_DISCONNECTED for an address
    char DallasTemperature::getHighAlarmTemp(uint8_t* deviceAddress)
    {
        ScratchPad scratchPad;
        if (isConnected(deviceAddress, scratchPad)) return (char)scratch-
Pad[HIGH_ALARM_TEMP];
        return DEVICE_DISCONNECTED;
    }


    // returns a char with the current low alarm temperature or
    // DEVICE_DISCONNECTED for an address
    char DallasTemperature::getLowAlarmTemp(uint8_t* deviceAddress)
    {
        ScratchPad scratchPad;
        if (isConnected(deviceAddress, scratchPad)) return (char)scratch-
Pad[LOW_ALARM_TEMP];
        return DEVICE_DISCONNECTED;
    }


    // resets internal variables used for the alarm search
    void DallasTemperature::resetAlarmSearch()
    {
        alarmSearchJunction = -1;
        alarmSearchExhausted = 0;
        for(uint8_t i = 0; i < 7; i++)
            alarmSearchAddress[i] = 0;
    }


    // This is a modified version of the OneWire::search method.
    //
```

```
        // Also added the OneWire search fix documented here:
        // http://www.arduino.cc/cgi-bin/yabb2/YaBB.pl?num=1238032295
        //
        // Perform an alarm search. If this function returns a '1' then it has
        // enumerated the next device and you may retrieve the ROM from the
        // OneWire::address variable. If there are no devices, no further
        // devices, or something horrible happens in the middle of the
        // enumeration then a 0 is returned.   If a new device is found then
        // its address is copied to newAddr.   Use
        // DallasTemperature::resetAlarmSearch() to start over.
        bool DallasTemperature::alarmSearch(uint8_t* newAddr)
        {
            uint8_t i;
            char lastJunction = -1;
            uint8_t done = 1;

            if (alarmSearchExhausted) return false;
            if (!_wire->reset()) return false;

            // send the alarm search command
            _wire->write(0xEC, 0);

            for(i = 0; i < 64; i++)
            {
                uint8_t a = _wire->read_bit( );
                uint8_t nota = _wire->read_bit( );
                uint8_t ibyte = i / 8;
                uint8_t ibit = 1 << (i & 7);

                // I don't think this should happen, this means nothing responded, but maybe
if
                // something vanishes during the search it will come up.
                if (a && nota) return false;

                if (!a && !nota)
                {
                    if (i == alarmSearchJunction)
                    {
```

```
                    // this is our time to decide differently, we went zero last time, go one.
                    a = 1;
                    alarmSearchJunction = lastJunction;
                }
                else if (i < alarmSearchJunction)
                {
                    // take whatever we took last time, look in address
                    if (alarmSearchAddress[ibyte] & ibit) a = 1;
                    else
                    {
                        // Only 0s count as pending junctions, we've already exhasuted the 0
side of 1s

                        a = 0;
                        done = 0;
                        lastJunction = i;
                    }
                }
                else
                {
                    // we are blazing new tree, take the 0
                    a = 0;
                    alarmSearchJunction = i;
                    done = 0;
                }
                // OneWire search fix
                // See: http://www.arduino.cc/cgi-bin/yabb2/YaBB.pl?num=1238032295
            }

            if (a) alarmSearchAddress[ibyte] |= ibit;
            else alarmSearchAddress[ibyte] &= ~ibit;


            _wire->write_bit(a);
        }

        if (done) alarmSearchExhausted = 1;
        for (i = 0; i < 8; i++) newAddr[i] = alarmSearchAddress[i];
        return true;

    }
```

```cpp
// returns true if device address has an alarm condition
// TODO: can this be done with only TEMP_MSB REGISTER (faster)
//          if ((char) scratchPad[TEMP_MSB] <= (char) scratch-
Pad[LOW_ALARM_TEMP]) return true;
//          if ((char) scratchPad[TEMP_MSB] >= (char) scratch-
Pad[HIGH_ALARM_TEMP]) return true;
bool DallasTemperature::hasAlarm(uint8_t* deviceAddress)
{
    ScratchPad scratchPad;
    if (isConnected(deviceAddress, scratchPad))
    {
        float temp = calculateTemperature(deviceAddress, scratchPad);

        // check low alarm
        if ((char)temp <= (char)scratchPad[LOW_ALARM_TEMP]) return true;

        // check high alarm
        if ((char)temp >= (char)scratchPad[HIGH_ALARM_TEMP]) return true;
    }

    // no alarm
    return false;
}

// returns true if any device is reporting an alarm condition on the bus
bool DallasTemperature::hasAlarm(void)
{
    DeviceAddress deviceAddress;
    resetAlarmSearch();
    return alarmSearch(deviceAddress);
}

// runs the alarm handler for all devices returned by alarmSearch()
void DallasTemperature::processAlarms(void)
{
    resetAlarmSearch();
    DeviceAddress alarmAddr;
```

```
        while (alarmSearch(alarmAddr))
        {
          if (validAddress(alarmAddr))
            _AlarmHandler(alarmAddr);
        }
      }

      // sets the alarm handler
      void DallasTemperature::setAlarmHandler(AlarmHandler *handler)
      {
        _AlarmHandler = handler;
      }

      // The default alarm handler
      void DallasTemperature::defaultAlarmHandler(uint8_t* deviceAddress)
      {
      }

      #endif

      // Convert float celsius to fahrenheit
      float DallasTemperature::toFahrenheit(float celsius)
      {
        return (celsius * 1.8) + 32;
      }

      // Convert float fahrenheit to celsius
      float DallasTemperature::toCelsius(float fahrenheit)
      {
        return (fahrenheit - 32) / 1.8;
      }

      #if REQUIRESNEW

      // MnetCS - Allocates memory for DallasTemperature. Allows us to instance a
new object
```

DallasTemperature.cpp (DS18B20 溫度感測模組函式庫)

```cpp
        void* DallasTemperature::operator new(unsigned int size) // Implicit NSS obj
size
        {
            void * p; // void pointer
            p = malloc(size); // Allocate memory
            memset((DallasTemperature*)p,0,size); // Initalise memory

            //!!! CANT EXPLICITLY CALL CONSTRUCTOR - workaround by using an
init() methodR - workaround by using an init() method
            return (DallasTemperature*) p; // Cast blank region to NSS pointer
        }

        // MnetCS 2009 -    Unallocates the memory used by this instance
        void DallasTemperature::operator delete(void* p)
        {
            DallasTemperature* pNss =    (DallasTemperature*) p; // Cast to NSS pointer
            pNss->~DallasTemperature(); // Destruct the object

            free(p); // Free the memory
        }

        #endif
```

DallasTemperature.h (DS18B20 溫度感測模組模組 include 檔)

```cpp
#ifndef DallasTemperature_h
#define DallasTemperature_h

#define DALLASTEMPLIBVERSION "3.7.2"

// This library is free software; you can redistribute it and/or
// modify it under the terms of the GNU Lesser General Public
// License as published by the Free Software Foundation; either
// version 2.1 of the License, or (at your option) any later version.
```

DallasTemperature.h (DS18B20 溫度感測模組模組 include 檔)

```
// set to true to include code for new and delete operators
#ifndef REQUIRESNEW
#define REQUIRESNEW false
#endif

// set to true to include code implementing alarm search functions
#ifndef REQUIRESALARMS
#define REQUIRESALARMS true
#endif

#include <inttypes.h>
#include <OneWire.h>

// Model IDs
#define DS18S20MODEL 0x10
#define DS18B20MODEL 0x28
#define DS1822MODEL   0x22

// OneWire commands
#define STARTCONVO       0x44   // Tells device to take a temperature reading and
put it on the scratchpad
#define COPYSCRATCH      0x48   // Copy EEPROM
#define READSCRATCH      0xBE   // Read EEPROM
#define WRITESCRATCH     0x4E   // Write to EEPROM
#define RECALLSCRATCH    0xB8   // Reload from last known
#define READPOWERSUPPLY 0xB4   // Determine if device needs parasite power
#define ALARMSEARCH      0xEC   // Query bus for devices with an alarm condi-
tion

// Scratchpad locations
#define TEMP_LSB         0
#define TEMP_MSB         1
#define HIGH_ALARM_TEMP 2
#define LOW_ALARM_TEMP   3
#define CONFIGURATION    4
#define INTERNAL_BYTE    5
#define COUNT_REMAIN     6
```

DallasTemperature.h (DS18B20 溫度感測模組模組 include 檔)

```
#define COUNT_PER_C      7
#define SCRATCHPAD_CRC   8

// Device resolution
#define TEMP_9_BIT   0x1F //  9 bit
#define TEMP_10_BIT 0x3F // 10 bit
#define TEMP_11_BIT 0x5F // 11 bit
#define TEMP_12_BIT 0x7F // 12 bit

// Error Codes
#define DEVICE_DISCONNECTED -127

typedef uint8_t DeviceAddress[8];

class DallasTemperature
{
  public:

  DallasTemperature(OneWire*);

  // initalise bus
  void begin(void);

  // returns the number of devices found on the bus
  uint8_t getDeviceCount(void);

  // Is a conversion complete on the wire?
  bool isConversionComplete(void);

  // returns true if address is valid
  bool validAddress(uint8_t*);

  // finds an address at a given index on the bus
  bool getAddress(uint8_t*, const uint8_t);

  // attempt to determine if the device at the given address is connected to the bus
  bool isConnected(uint8_t*);
```

DallasTemperature.h (DS18B20 溫度感測模組模組 include 檔)

// attempt to determine if the device at the given address is connected to the bus
// also allows for updating the read scratchpad
bool isConnected(uint8_t*, uint8_t*);

// read device's scratchpad
void readScratchPad(uint8_t*, uint8_t*);

// write device's scratchpad
void writeScratchPad(uint8_t*, const uint8_t*);

// read device's power requirements
bool readPowerSupply(uint8_t*);

// get global resolution
uint8_t getResolution();

// set global resolution to 9, 10, 11, or 12 bits
void setResolution(uint8_t);

// returns the device resolution, 9-12
uint8_t getResolution(uint8_t*);

// set resolution of a device to 9, 10, 11, or 12 bits
bool setResolution(uint8_t*, uint8_t);

// sets/gets the waitForConversion flag
void setWaitForConversion(bool);
bool getWaitForConversion(void);

// sets/gets the checkForConversion flag
void setCheckForConversion(bool);
bool getCheckForConversion(void);

// sends command for all devices on the bus to perform a temperature conversion
void requestTemperatures(void);

// sends command for one device to perform a temperature conversion by address
bool requestTemperaturesByAddress(uint8_t*);

```
// sends command for one device to perform a temperature conversion by index
bool requestTemperaturesByIndex(uint8_t);

// returns temperature in degrees C
float getTempC(uint8_t*);

// returns temperature in degrees F
float getTempF(uint8_t*);

// Get temperature for device index (slow)
float getTempCByIndex(uint8_t);

// Get temperature for device index (slow)
float getTempFByIndex(uint8_t);

// returns true if the bus requires parasite power
bool isParasitePowerMode(void);

bool isConversionAvailable(uint8_t*);

#if REQUIRESALARMS

typedef void AlarmHandler(uint8_t*);

// sets the high alarm temperature for a device
// accepts a char.   valid range is -55C - 125C
void setHighAlarmTemp(uint8_t*, const char);

// sets the low alarm temperature for a device
// accepts a char.   valid range is -55C - 125C
void setLowAlarmTemp(uint8_t*, const char);

// returns a signed char with the current high alarm temperature for a device
// in the range -55C - 125C
char getHighAlarmTemp(uint8_t*);

// returns a signed char with the current low alarm temperature for a device
```

```
// in the range -55C - 125C
char getLowAlarmTemp(uint8_t*);

// resets internal variables used for the alarm search
void resetAlarmSearch(void);

// search the wire for devices with active alarms
bool alarmSearch(uint8_t*);

// returns true if ia specific device has an alarm
bool hasAlarm(uint8_t*);

// returns true if any device is reporting an alarm on the bus
bool hasAlarm(void);

// runs the alarm handler for all devices returned by alarmSearch()
void processAlarms(void);

// sets the alarm handler
void setAlarmHandler(AlarmHandler *);

// The default alarm handler
static void defaultAlarmHandler(uint8_t*);

#endif

// convert from celcius to farenheit
static float toFahrenheit(const float);

// convert from farenheit to celsius
static float toCelsius(const float);

#if REQUIRESNEW

// initalize memory area
void* operator new (unsigned int);

// delete memory reference
```

DallasTemperature.h (DS18B20 溫度感測模組模組 include 檔)

```cpp
void operator delete(void*);

#endif

private:
typedef uint8_t ScratchPad[9];

// parasite power on or off
bool parasite;

// used to determine the delay amount needed to allow for the
// temperature conversion to take place
uint8_t bitResolution;

// used to requestTemperature with or without delay
bool waitForConversion;

// used to requestTemperature to dynamically check if a conversion is complete
bool checkForConversion;

// count of devices on the bus
uint8_t devices;

// Take a pointer to one wire instance
OneWire* _wire;

// reads scratchpad and returns the temperature in degrees C
float calculateTemperature(uint8_t*, uint8_t*);

void    blockTillConversionComplete(uint8_t*,uint8_t*);

#if REQUIRESALARMS

// required for alarmSearch
uint8_t alarmSearchAddress[8];
char alarmSearchJunction;
uint8_t alarmSearchExhausted;
```

```
DallasTemperature.h (DS18B20 溫度感測模組模組 include 檔)
    // the alarm handler function pointer
    AlarmHandler *_AlarmHandler;

    #endif

};
#endif
```

繼電器原廠資料

SONGLE RELAY

松乐继电器 SONGLE RELAY	RELAY ISO9002	**SRS/SRSZ**

1. MAIN FEATURES
- Subminiature Type.
- Silver or Silver Alloy Contacts withGold Plated.
- Low Dissipation.
- Sealed Type Available.
- Design conforms to foreign safety standard UL,CUL,TUV

2. APPLICATIONS
- Microprocessor Control, Store Program Exchanger and Household Appliance.

3. ORDERING INFORMATION

SRS/SRSZ	XX VDC	S	L
Model of relay	Nominal coil voltage	Structure	Coil sensitivity
SRS/SRSZ	03、05、06、09、12、24VDC	S: Sealed type	H: 0.20W
			L: 0.36W
		F: Flux free type	D: 0.45W

4. RATING

UL /CUL   FILE NUMBER: E167996   1A/120VAC 24VDC
TUV   FILE NUMBER: R9933789   1A/240VAC 24VDC
3A/120VAC 24VDC

5. DIMENSION(unit:mm)   DRILLING(unit:mm)   WIRING DIAGRAM

SRS   SRS

SRSZ   SRSZ

ı

資料來源：(Ningbo_songle_relay_corp._ltd., 2013)

6. COIL DATA CHART (AT20°C)

Coil Sensitivity	Coil Voltage Code	Nominal Voltage (VDC)	Nominal Current (mA)	Coil Resistance (Ω) ±10%	Power Consumption (W)	Pull-In Voltage (VDC)	Drop-Out Voltage (VDC)	Max-Allowable Voltage (VDC)
SRS(Z) (High Sensitivity)	03	03	66.7	45	abt. 0.2 W	75% Max.	5% Min.	110%
	05	05	40	125				
	06	06	33.3	180				
	09	09	22.2	405				
	12	12	16.7	720				
	24	24	8.3	2850				
SRS(Z) (Standard)	03	03	120	25	abt. 0.36W	75% Max.	5% Min.	110%
	05	05	66.7	75				
	06	06	60	100				
	09	09	40.9	220				
	12	12	30	400				
	24	24	15	1600				
SRS(Z) (Normal Sensitivity)	03	03	150	20	abt. 0.45W	75% Max.	5% Min.	110%
	05	05	89.3	56				
	06	06	75	80				
	09	09	50	180				
	12	12	37.5	320				
	24	24	18.75	1280				

7. CONTACT RATING

Item \ Type	SRS/SRSZ 1 Amp type	SRS/SRSZ 1 Amp type
Contact Capacity ResistiveLoad (cosΦ=1)	Coil=0.2W 1A 125VAC 1A 30VDC	Coil=0.2W 1A 240VAC 1A 30VDC
InductiveLoad (cosΦ=0.4 L/R=7msec)	0.3A 125VAC 0.3A 30VDC	0.3A 240VAC 0.3A 30VDC
Rated Carrying Current	1 A	1 A
Contact Material	Ag Alloy	Ag Alloy

8. PERFORMANCE (at initial value)

Item \ Type	SRS/SRSZ
Contact Resistance	100mΩ Max.
Operation Time	10msec Max.
Release Time	5msec Max.
Dielectric Strength	
Between coil & contact	500VAC 50/60HZ (1 minute)
Between contacts	500VAC 50/60HZ (1 minute)
Insulation Resistance	100 MΩ Min. (500VDC)
Max. ON/OFF Switching	
Mechanically	300 operation/min
Electrically	30 operation/min
Operating Ambient Temperature	25°C to +70°C
Operating Humidity	45 to 85% RH
Vibration Endurance	10 to 55HZ Single Amplitude 0.35mm
Error Operation	10 to 55HZ Single Amplitude 0.35mm
Shock Endurance	50G Min.
Error Operation	10G Min.
Life Expectancy Mechanically	10^7 operations Min. (no load)
Electrically	10^5 operations Min. (at rated coil voltage)
Weight	abt. 4grs.

9. REFERENCE DATA

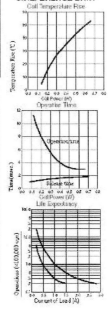

Coil Temperature Rise

Operation Time

Life Expectancy

四通道繼電器模組線路圖

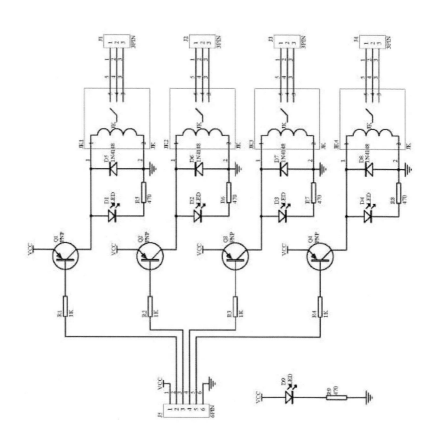

LCD 1602 函數用法

為了更能了解 LCD 1602 的用法，本節詳細介紹了 LiquidCrystal 函式主要的用法：

LiquidCrystal(rs, enable, d0, d1, d2, d3, d4, d5, d6, d7)

1. 指令格式 LiquidCrystal lcd 物件名稱(使用參數)

2. 使用參數個格式如下：

    LiquidCrystal(rs, enable, d4, d5, d6, d7)

    LiquidCrystal(rs, enable, d0, d1, d2, d3,d4, d5, d6, d7)

    LiquidCrystal(rs, rw, enable, d4, d5, d6, d7)

    LiquidCrystal(rs, rw, enable, d0, d1, d2, d3, d4, d5, d6, d7)

LiquidCrystal.begin(16, 2)

1. 規劃 lcd 畫面大小(行寬，列寬)

2. 指令範例：

    LiquidCrystal.begin(16, 2)

    解釋：將目前 lcd 畫面大小，設成二列 16 行

LiquidCrystal.setCursor(0, 1)

1. LiquidCrystal.setCursor(行位置,列位置)，行位置從 0 開始,列位置從 0 開始(Arduino 第一都是從零開始)

2. 指令範例：

    LiquidCrystal.setCursor(0, 1)

    解釋：將目前游標跳到第一列第一行，為兩列，每列有 16 個字元(Arduino 第一都是從零開始)

LiquidCrystal.print()

1. LiquidCrystal.print (資料)，資料可以為 char, byte, int, long, or string

2. 指令範例：

lcd.print("hello, world!");

解釋：將目前游標位置印出『hello, world!』

LiquidCrystal.autoscroll()

1. 將目前 lcd 列印資料形態，設成可以捲軸螢幕

2. 指令範例：

lcd.autoscroll();

解釋：如使用 lcd.print(thisChar); ，會將字元輸出到目前行列的位置，每輸出一個字元，行位置則加一，到第 16 字元時，若仍繼續輸出，則原有的列內的資料自動依 LiquidCrystal - Text Direction 的設定進行捲動，讓 print()的命令繼續印出下個字元

LiquidCrystal.noAutoscroll()

1. 將目前 lcd 列印資料形態，設成不可以捲軸螢幕

2. 指令範例：

lcd.noAutoscroll();

解釋：如使用 lcd.print(thisChar); ，會將字元輸出到目前行列的位置，每輸出一個字元，行位置則加一，到第 16 字元時，若仍繼續輸出，讓 print()的因繼續印出下個字元到下一個位置，但位置已經超越 16 行，所以輸出字元看不見。

LiquidCrystal.blink()

1. 將目前 lcd 游標設成閃爍

2. 指令範例：

lcd.blink();

解釋：將目前 lcd 游標設成閃爍

LiquidCrystal.noBlink()

1. 將目前 lcd 游標設成不閃爍

2. 指令範例：

lcd.noBlink ();

解釋：將目前 lcd 游標設成不閃爍

LiquidCrystal.cursor()

1. 將目前 lcd 游標設成底線狀態

2. 指令範例：

lcd.cursor();

解釋：將目前 lcd 游標設成底線狀態

LiquidCrystal.clear()

1. 將目前 lcd 畫面清除，並將游標位置回到左上角

2. 指令範例：

lcd.clear();

解釋：將目前 lcd 畫面清除，並將游標位置回到左上角

LiquidCrystal.home()

1. 將目前 lcd 游標位置回到左上角

2. 指令範例：

lcd.home();

解釋：將目前 lcd 游標位置回到左上角

DallasTemperature 函數用法

Arduino 開發版驅動 DS18B20 溫度感測模組，需要 DallasTemperature 函數庫，而 DallasTemperature 函數庫則需要 OneWire 函數庫，讀者可以在本書附錄中找到這些 函市庫，也可以到作者 Github(https://github.com/brucetsao)網站中，在本書原始碼目錄 https://github.com/brucetsao/libraries，下載到 DallasTemperature、OneWire 等函數庫。

下列簡單介紹 DallasTemperature 函式庫內各個函式市的解釋與用法：

- uint8_t getDeviceCount(void)，回傳 1-Wire 匯流排上有多少個裝置。
- typedef uint8_t DeviceAddress[8]，裝置的位址。
- bool getAddress(uint8_t*, const uint8_t)，回傳某個裝置的位址。
- uint8_t getResolution(uint8_t*)，取得某裝置的溫度解析度（9~12 bits，分別對 應 0.5°C、0.25°C、0.125°C、0.0625°C），參數為位址。
- bool setResolution(uint8_t*, uint8_t)，設定某裝置的溫度解析度。
- bool requestTemperaturesByAddress(uint8_t*)，命令某感測器進行溫度轉換， 參數為位址。
- bool requestTemperaturesByIndex(uint8_t)，同上，參數為索引值。
- float getTempC(uint8_t*)，取得溫度讀數，參數為位址。
- float getTempCByIndex(uint8_t)，取得溫度讀數，參數為索引值。
- 另有兩個靜態成員函式可作攝氏華氏轉換。
    - ◆ static float toFahrenheit(const float)
    - ◆ static float toCelsius(const float)

參考文獻

Anderson, Rick, & Cervo, Dan. (2013). *Pro Arduino*. Apress.

Arduino. (2013). Arduino official website.   Retrieved 2013.7.3, 2013, from http://www.arduino.cc/

Atmel_Corporation. (2013). Atmel Corporation Website.   Retrieved 2013.6.17, 2013, from http://www.atmel.com/

Banzi, Massimo. (2009). *Getting Started with arduino*. Make.

Boxall, John. (2013). *Arduino Workshop: A Hands-on Introduction With 65 Projects*: No Starch Press.

Creative_Commons. (2013). Creative Commons.   Retrieved 2013.7.3, 2013, from http://en.wikipedia.org/wiki/Creative_Commons

Faludi, Robert. (2010). *Building wireless sensor networks: with ZigBee, XBee, arduino, and processing*: O'reilly.

Fritzing.org. (2013). Fritzing.org.   Retrieved 2013.7.22, 2013, from http://fritzing.org/

Margolis, Michael. (2011). *Arduino cookbook*: O'Reilly Media.

Margolis, Michael. (2012). *Make an Arduino-controlled robot*: O'Reilly.

McRoberts, Michael. (2010). *Beginning Arduino*: Apress.

Minns, Peter D. (2013). *C Programming For the PC the MAC and the Arduino Microcontroller System*: AuthorHouse.

Monk, Simon. (2010). 30 Arduino Projects for the Evil Genius, 2/e.

Monk, Simon. (2012). *Programming Arduino: Getting Started with Sketches*: McGraw-Hill.

Ningbo_songle_relay_corp._ltd. (2013). SRS Relay.   Retrieved 2013.7.22, 2013, from http://www.songle.com/en/

Oxer, Jonathan, & Blemings, Hugh. (2009). *Practical Arduino: cool projects for open source hardware*: Apress.

Reas, Ben Fry and Casey. (2013). Processing.   Retrieved 2013.6.17, 2013, from http://www.processing.org/

Reas, Casey, & Fry, Ben. (2007). *Processing: a programming handbook for visual designers and artists* (Vol. 6812): Mit Press.

Reas, Casey, & Fry, Ben. (2010). *Getting Started with Processing*: Make.

Warren, John-David, Adams, Josh, & Molle, Harald. (2011). *Arduino for Robotics*: Springer.

Wilcher, Don. (2012). *Learn electronics with Arduino*: Apress.

曹永忠, 許智誠, & 蔡英德. (2015a). *Arduino 程式教學(入門篇):Arduino Programming (Basic Skills & Tricks)*(初版 ed.). 台湾、彰化: 渥玛数位有限公司.

曹永忠, 許智誠, & 蔡英德. (2015b). *Arduino 編程教学(入门篇):Arduino Programming (Basic Skills & Tricks)*(初版 ed.). 台湾、彰化: 渥玛数位有限公司.

Arduino 程式教學 (常用模組篇)
Arduino Programming (37 Modules)

作　　者：曹永忠、許智誠、蔡英德

發 行 人：黃振庭

出 版 者：崧燁文化事業有限公司

發 行 者：崧燁文化事業有限公司

E-mail：sonbookservice@gmail.com

粉 絲 頁：https://www.facebook.com/
　　　　　sonbookss/

網　　址：https://sonbook.net/

地　　址：台北市中正區重慶南路一段六十一號八
　　　　　樓 815 室

Rm. 815, 8F., No.61, Sec. 1, Chongqing S. Rd.,
Zhongzheng Dist., Taipei City 100, Taiwan

電　　話：(02) 2370-3310

傳　　真：(02) 2388-1990

印　　刷：京峯彩色印刷有限公司（京峰數位）

律師顧問：廣華律師事務所 張珮琦律師

國家圖書館出版品預行編目資料

Arduino 程 式 教 學 . 常 用 模 組
篇 = Arduino programming(37
modules) / 曹永忠，許智誠，蔡英
德著 . -- 第一版 . -- 臺北市：崧燁
文化事業有限公司 , 2022.03
　面；　公分
POD 版
ISBN 978-626-332-077-2(平裝)
1.CST: 微電腦 2.CST: 電腦程式語
言
471.516 111001391

定　　價：540 元

發行日期：2022 年 03 月第一版

◎本書以 POD 印製

官網

臉書